拆物专家

2.0

图书在版编目（CIP）数据

拆物专家2.0 /（加）托德·麦克莱伦著 ；钱卫译. —北京 ：北京美术摄影出版社，2022.2
书名原文：Things Come Apart 2.0
ISBN 978-7-5592-0446-2

Ⅰ. ①拆… Ⅱ. ①托… ②钱… Ⅲ. ①工业产品—摄影集 Ⅳ. ①TB472-64

中国版本图书馆CIP数据核字（2021）第246025号

北京市版权局著作权合同登记号：01-2021-1488

责任编辑：王丽婧
书籍装帧：北京予亦广告工作室
责任印制：彭军芳

拆物专家 2.0
CHAIWU ZHUANJIA 2.0
[加] 托德·麦克莱伦 著
钱 卫 译

出　版　北 京 出 版 集 团
　　　　北京美术摄影出版社
地　址　北京北三环中路6号
邮　编　100120
网　址　www.bph.com.cn
总发行　北京出版集团
发　行　京版北美（北京）文化艺术传媒有限公司
经　销　新华书店
印　刷　广东省博罗县园洲勤达印务有限公司
版印次　2022年2月第1版第1次印刷
开　本　880毫米 × 1230毫米　1 / 16
印　张　8
字　数　20千字
书　号　ISBN 978-7-5592-0446-2
定　价　98.00元

如有印装质量问题，由本社负责调换
质量监督电话　010-58572393
订 购 电 话　010-58572196 18611210188

拆物专家 2.0

[加] 托德·麦克莱伦 著
钱 卫 译

北 京 出 版 集 团
北京美术摄影出版社

RECHARGE
OVERCHARGED
USE WITH DRY CHEMICAL ONLY
VSC1
11
12
VSC1
13
14
PERFORMED BY
EFFECTUÉ PAR
VERIFICATION OF SERVICE
VÉRIFICATION DU SERVICE
INSTRUCTIONS
1. Pull pin. Hold unit upright.
1. Dégoupiller tenir l'appareil en position verticale.
2. Free hose. Stand back 8'. Aim at base of fire.
2. Degager le boyau. Reculer de 8 pieds (2,4 mètres) diriger lers la base de la flamme.
8 FEET
3. Squeeze lever and sweep side to side.
3. Appuyer sur le levier et diriger de droite à gauche.
Pyrene
A B C
DRY CHEMICAL / AGENT CHIMIQUE SEC

目录

NATIONAL PANASONIC
Panasonic 8
Panasonic 8

Panasonic
5.8GHz
GREETING
ERASE
Talking
VOLUME
STOP
TALK
MENU
OFF

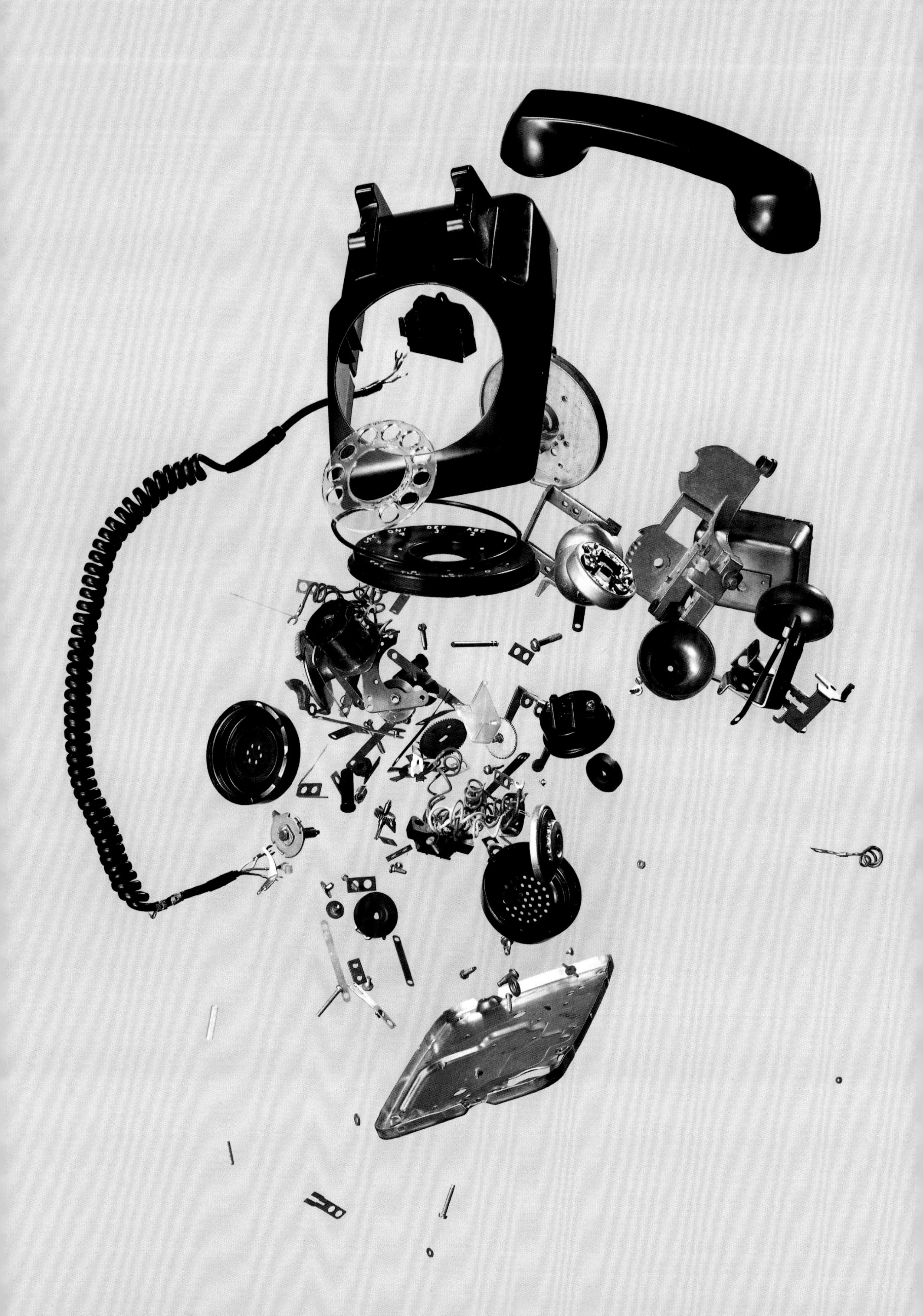

FM 88 92 96 100 104 108 FM
AM 54 60 70 80 100 120 140 160 AM
SANYO
INTEGRATED CIRCUIT IC

如今我们都患有多动症

托德·麦克莱伦

现在，新物品变成旧物品的速度比以往任何时代都要快。生活里的很多东西每隔几年就要更新换代，这种浪费与损失让人很头疼。

技术圈新兴的“剖解”（Teardown）运动，通过展示被我们遗弃的物品，向我们“用完就扔”的文化发起了挑战。但对我来说，这已是长达数十年的工程了。我从小就精通拆卸的艺术，曾经让人撞见我在自己的房间里用锤子砸玩具，中学时我差点把我那辆1985年的现代小马汽车（Hyundai Pony）给整个拆了。如果哪个东西引起我的兴趣了，那它很快就会被大卸八块。

本书首次出版获得巨大成功，“剖解”运动继而取得了进展，我有幸开始了多个振奋人心的新项目，其中12个项目已经收录于本书最新版中。代理机构、杂志和制造公司对我的作品充满兴趣，让我获得了探索他们的设计杰作的机会，并基于排列组合的艺术（Knolling，指将一堆物品以成行、成列的形式摆放出来，制造具有视觉吸引力的排列效果）创作新的作品。让我尤其感到兴奋的是，“拆物专家”已经发展为一个巡回展览了，将在北美进行巡回展出。

为了这本书，我拆了50种经典的设计物。其中既有全新的现代物品，也有不再常用的老古董。我为了拍摄这些照片而拆解的所有物品，或是原本可以正常使用，或是稍加修理即可焕然一新。过去的物品制作得那般精巧，而且很可能是纯手工组装的，这令我赞叹不已。这些物品在损坏后会被修复，而不是像今天的各种设备那样被丢弃。过去的物品是为了给人们长久的服务与享受而创造出来的，而取代它们的新技术，甚至会以更快的速度被取代。我想深入了解这些曾经被珍视、如今被嫌弃的物品，向世界展示它们的质量与美感。我想对这些一度受人珍视的物品一探究竟，向世界展示它们的质感和美感。该版本很好地拍出了事物以前所未有的状态被拆解的奇观，展示了具有更高品质的解构对象以及更高组件总数的全新项目。

当我拆解物体时，我会按顺序把各个部件放进不同的容器。比如，拆电话时，我把所有的耳机部件放在一个托盘里，发声部件放在另一个托盘里。然后将这些托盘摆好，为布局做准备。我会非常小心，确保过程中不遗失任何零件。亲自拆解物体最令人兴奋之处，不光在于摄影，更在于有机

布朗尼电影摄影机，1960 年 | 柯达（Kodak） | 原件数量：94

布朗尼电影摄影机（迸散），1960 年 | 柯达 | 原件数量：94

会理解制造者所面临的挑战。我对事物运作的原理有了基本的认识，从而对其产生了更深的敬意。

所有部件都被卸下来后，我开始在中性的背景上安排它们的位置。除非我在玩“掉落模式”——下文会详细介绍——否则每个拆解的物品都会以相同的风格摆放。首先，我会摆放主要部件，一般是外壳。然后，将各个部件摆出具有美感的形状就不太容易了。我要反复尝试，让每个部件都待在合适的位置。如果拆卸一个物体需要一天半的时间，那么让所有部件构成合适的布局要花同样甚至更长的时间。

哪怕最小的物品，也起码要花三天时间。一件小东西，都可能会占据三平方米的空间，所以很难提前判断需要多大的地方。尤其是依靠最新技术创造出来的物品。因为随着制造工艺的进步，物品已经比过去复杂得多。虽然部件的尺寸缩小了，数量却是大大增加。拆解之后所有部件合在一起的尺寸，可以比原物更大。似乎只有当物品被拆解开来，其真实尺寸才能得到体现。

书里的物品是通过两种方式拍摄的。第一种——上文已有提及——我会忠实地按照物品的结构，井然有序地展示各个部件。这样拍出来的照片非常严格和正式，简直像全家福。相机置于正上方，向下拍摄。唯一的光源是闪光灯。在相机上方还有一块大反光板，其所提供的反光，可以营造出一种柔和的质感，同时令场景显得更有深度，创造出十分精确并具有形式感的图像，几乎像全家福一样。

我认为第二种拍摄方式比较自由：把部件放在天花板附近的一个平台上，然后让它们掉落下去。我会安排好它们的位置，从而在其落入相机取景范围的瞬间，如我所料，尽可能拍出我想要的效果。最新最快的频闪技术，使部件得以定格在画面的中央。最开始，我试图在一张照片里拍下所有的部件，但后来我发现，分组拍摄掉落的零件并利用后期技术把拍出来的照片图层拼在一起，效果会更好。最初我尝试用引闪器触发快门和闪光灯，但现在我会亲眼看着它们掉落下来，在我认为最恰当的时机按下快门，得到最理想的效果。

《拆物专家》是一次探索性尝试，我对于这个项目取得的成就，以及本书2009年首次出版以来的大获成功感到非常高兴。我不清楚探索的终点在哪里，也不确定接下来探索的对象是什么。但我希望你们享受这段旅程。

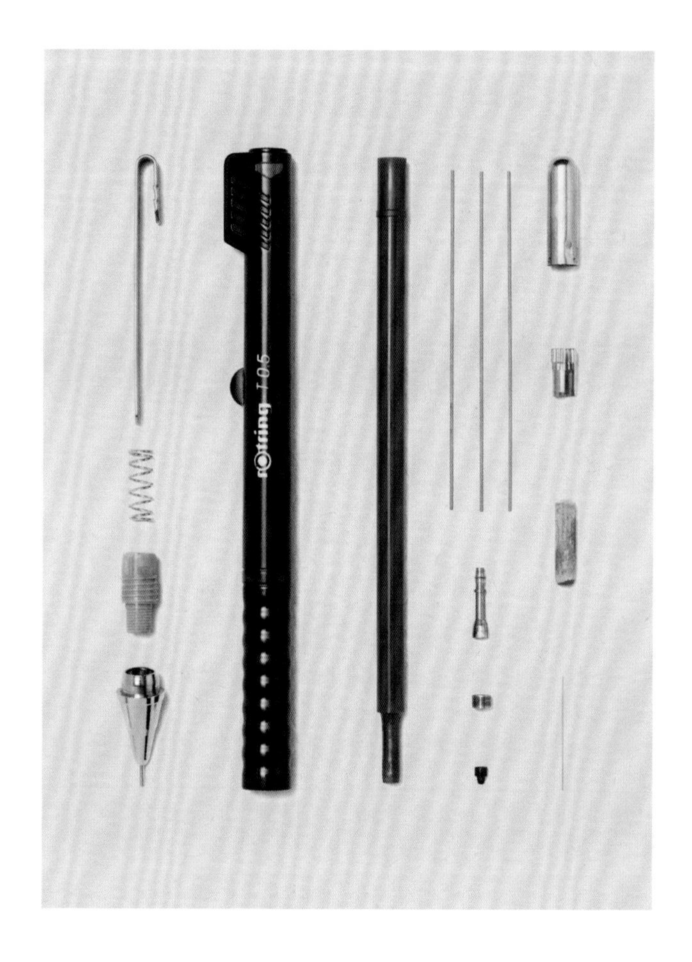

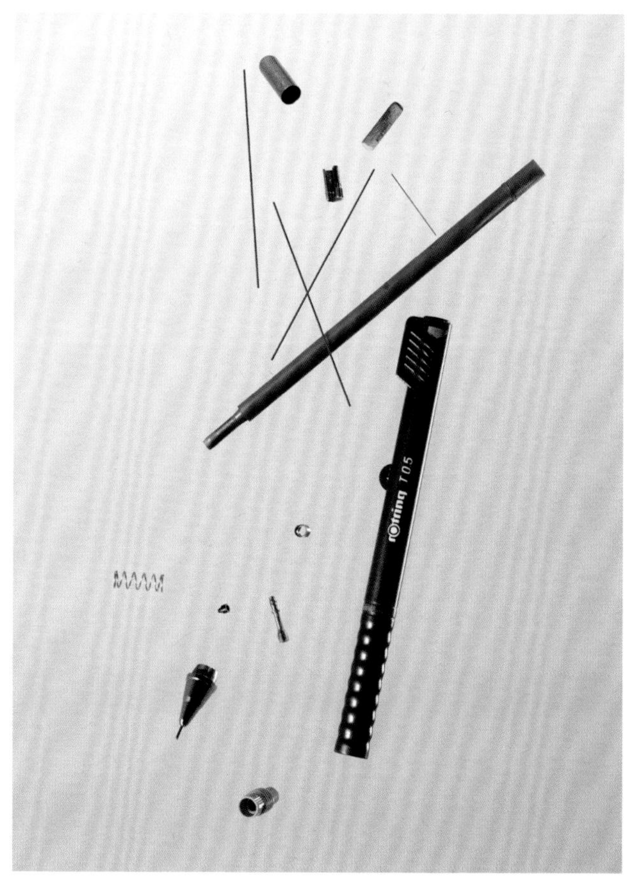

自动铅笔 1997 年

红环（Rotring）

原件数量：16

订书器 2002年

伊莎瑞特 AB（Isaberg AB）

原件数量：31

卡式录音带 1985 年

美国广播公司（RCA）

原件数量：24

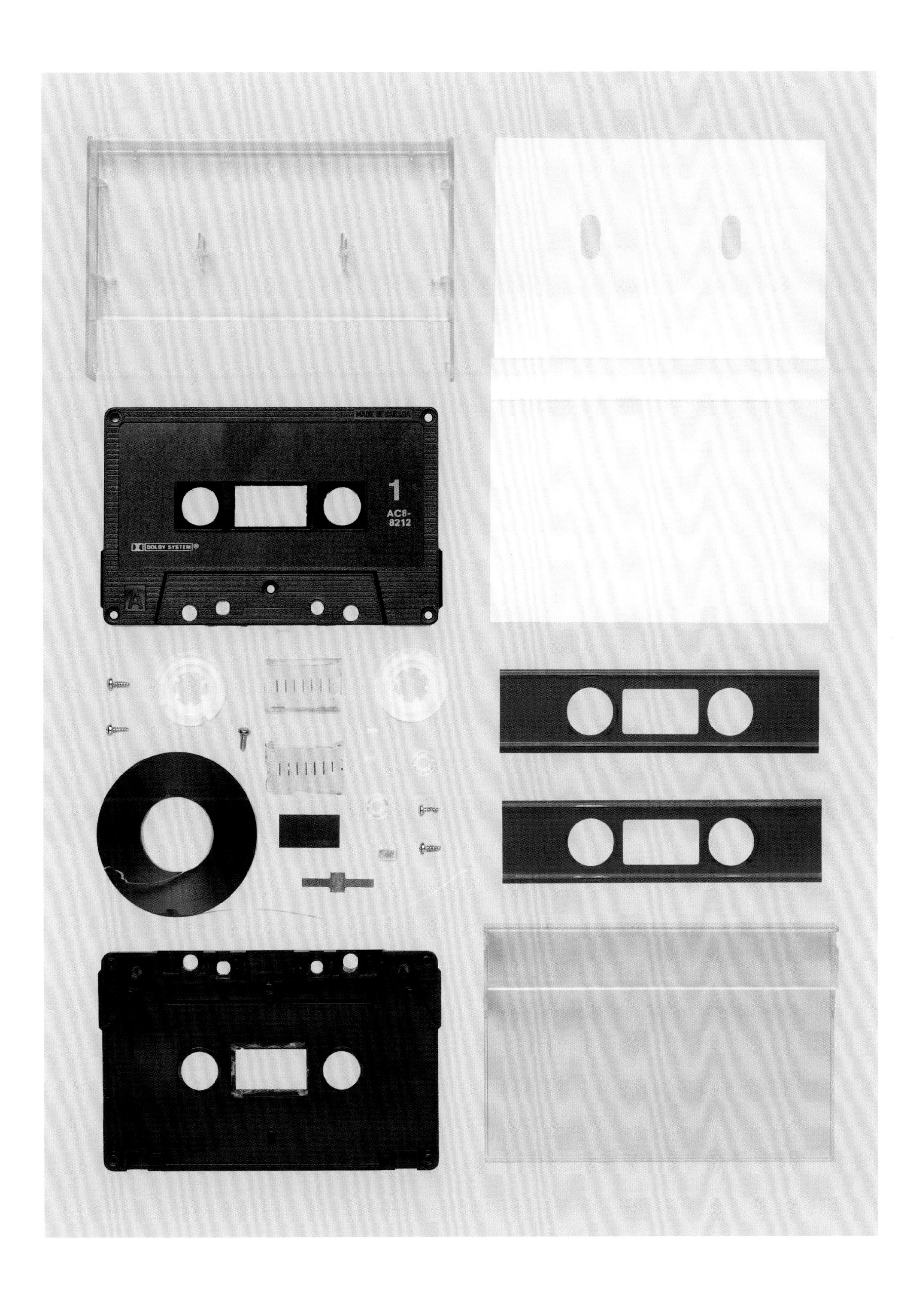
MADE IN CANADA
1
AC8-
8212
DOLBY SYSTEM
A

TO OPEN: Turn right 3
turns. Stop at no.
Combinaison: 3 tours
vers la droite, pointez
le n°
Turn left one full turn
above no. to no.
1 tour complet vers la gauche
en passant le premier n° et
pointant le n°
Turn right and pull on
shackle at no.
Tournez vers la droite et
tirez l'arce au après avoir
pointé le n°
MADE IN CHINA
0
5
10
15
20
25
30
35

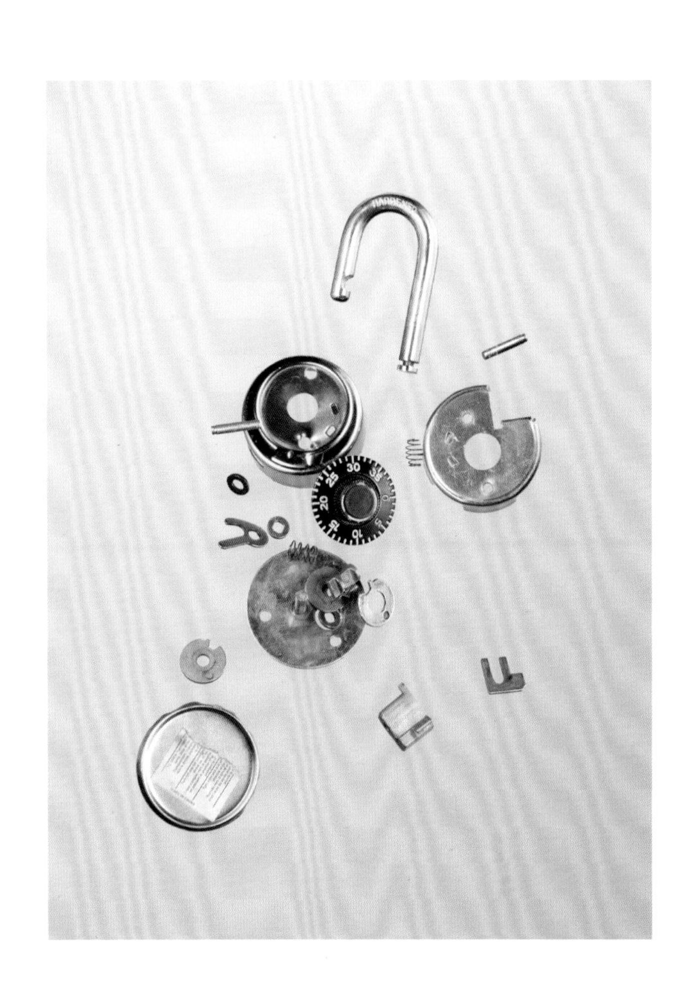

转盘密码锁 2000 年以后

CJSJ

原件数量：20

电子表 2010 年

狼孩 / 富尔尼（Raised By Wolves / Furni）

原件数量：57

机械表 20 世纪 90 年代

沃斯托克（Vostok）

原件数量：130

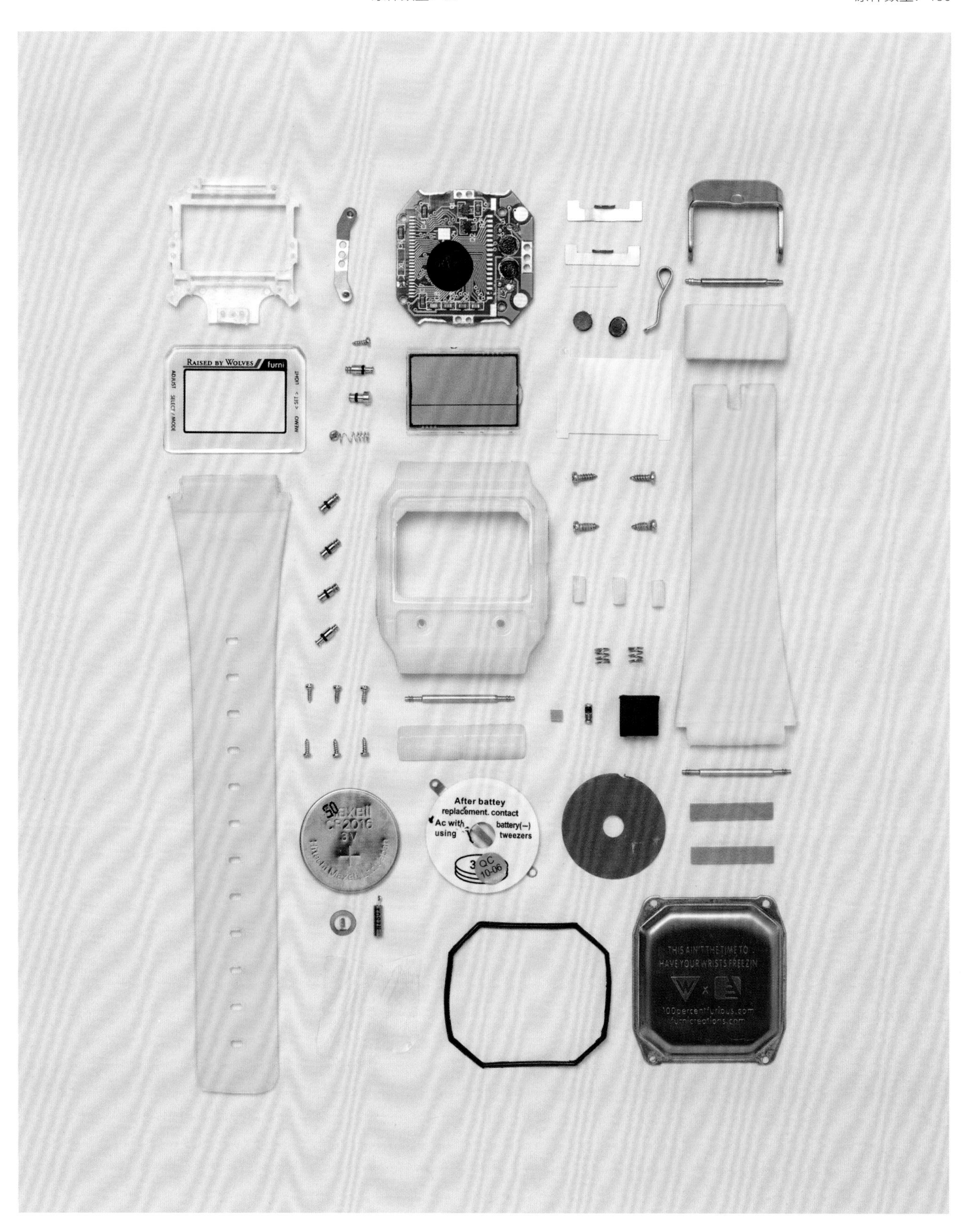

MADE IN RUSSIA ВОСТОК
КГБ

透镜罗盘 2000 年以后

印度航海仪器（Indian Nautical Instruments）

原件数量：33

360
30
60
90
120
150
180
210
240
270
300
330
4
8
12
16
20
24
28
32
36
40
44
48
52
56
60
E
S
W

手持 GPS 2002 年

麦哲伦（Magellan）

原件数量：42

亚马逊智能音箱（Echo） 2014 年

亚马逊（Amazon）

原件数量：50

手电筒 2002 年

镁光（Maglite）

原件数量：37

MAG-LITE ®

智能手机 2007 年

黑莓（BlackBerry）

原件数量：120

BlackBerry
BlackBerry
BlackBerry
G4
SPACE
SYM
SanDisk
4GB
PCB-14180-002
GPS
ATC
HDW Ver: 1

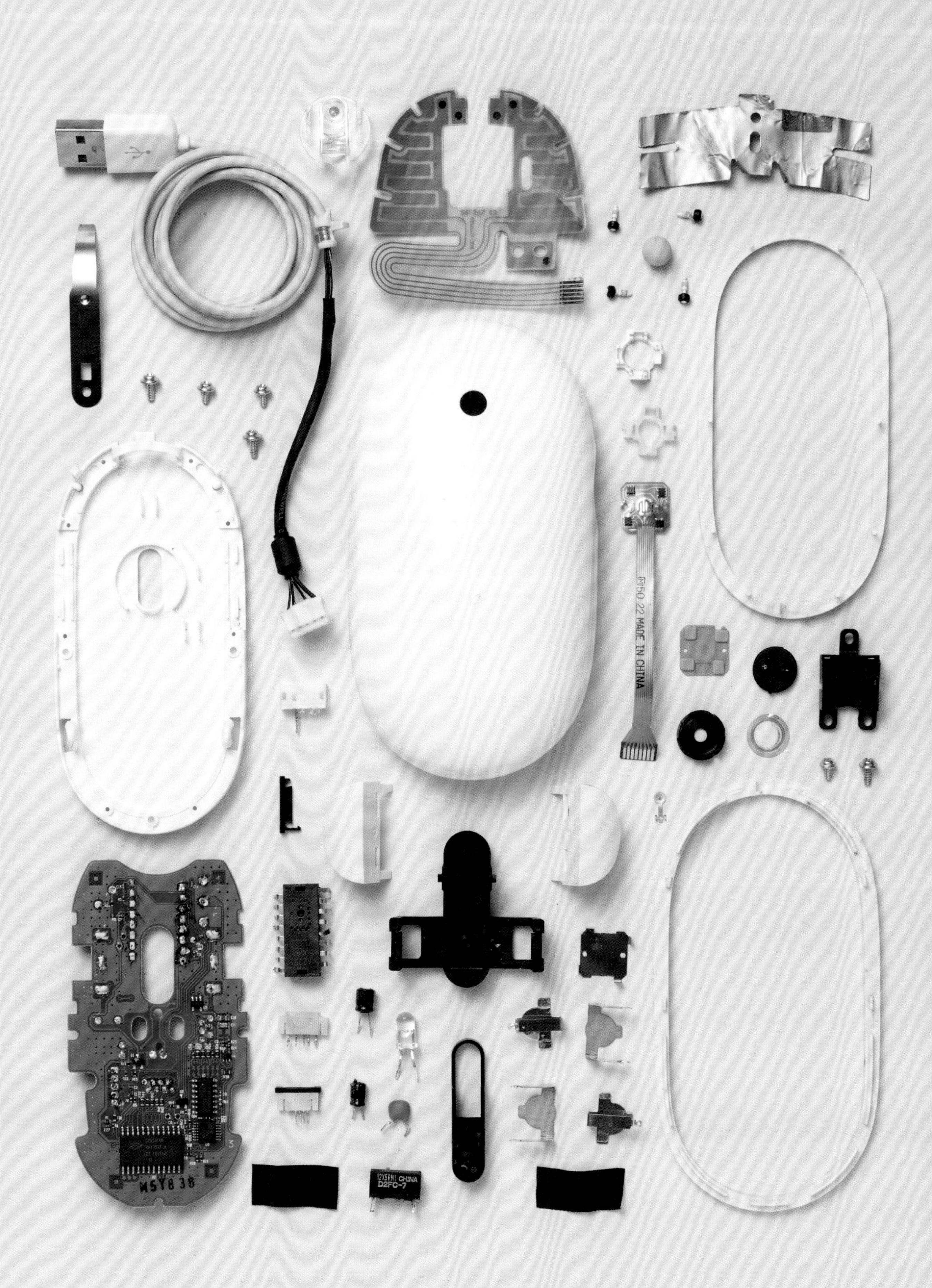

MADE IN CHINA
12X5RN1 CHINA
D2FC-7

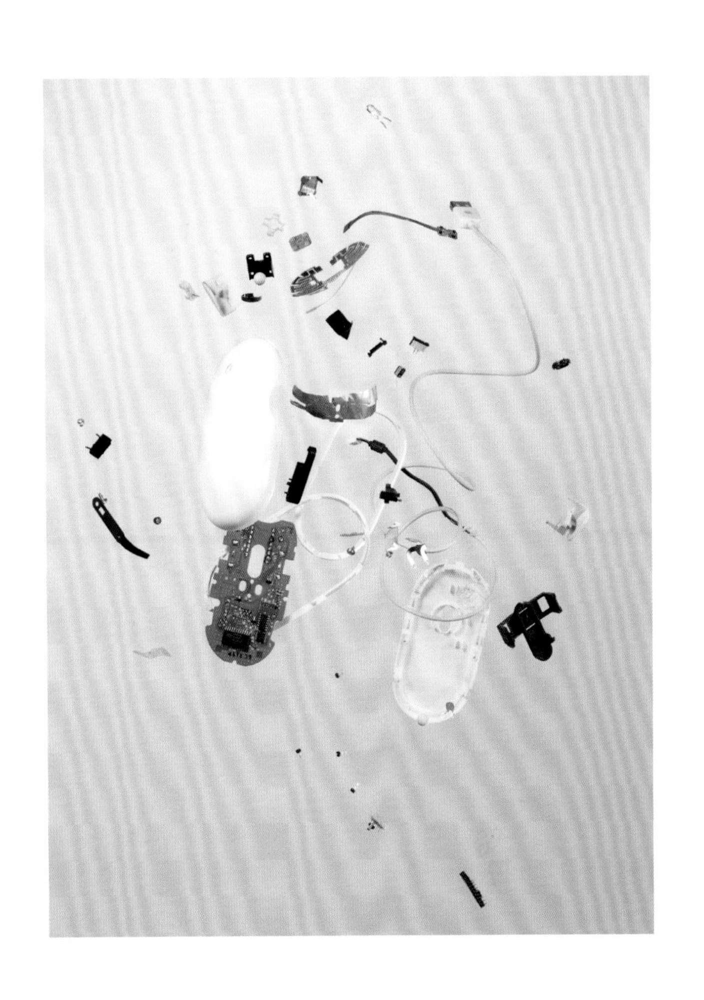

电脑鼠标 2006年

苹果（Apple）

原件数量：50

外挂硬盘 2000 年以后

莱斯（LaCie）

原件数量：151

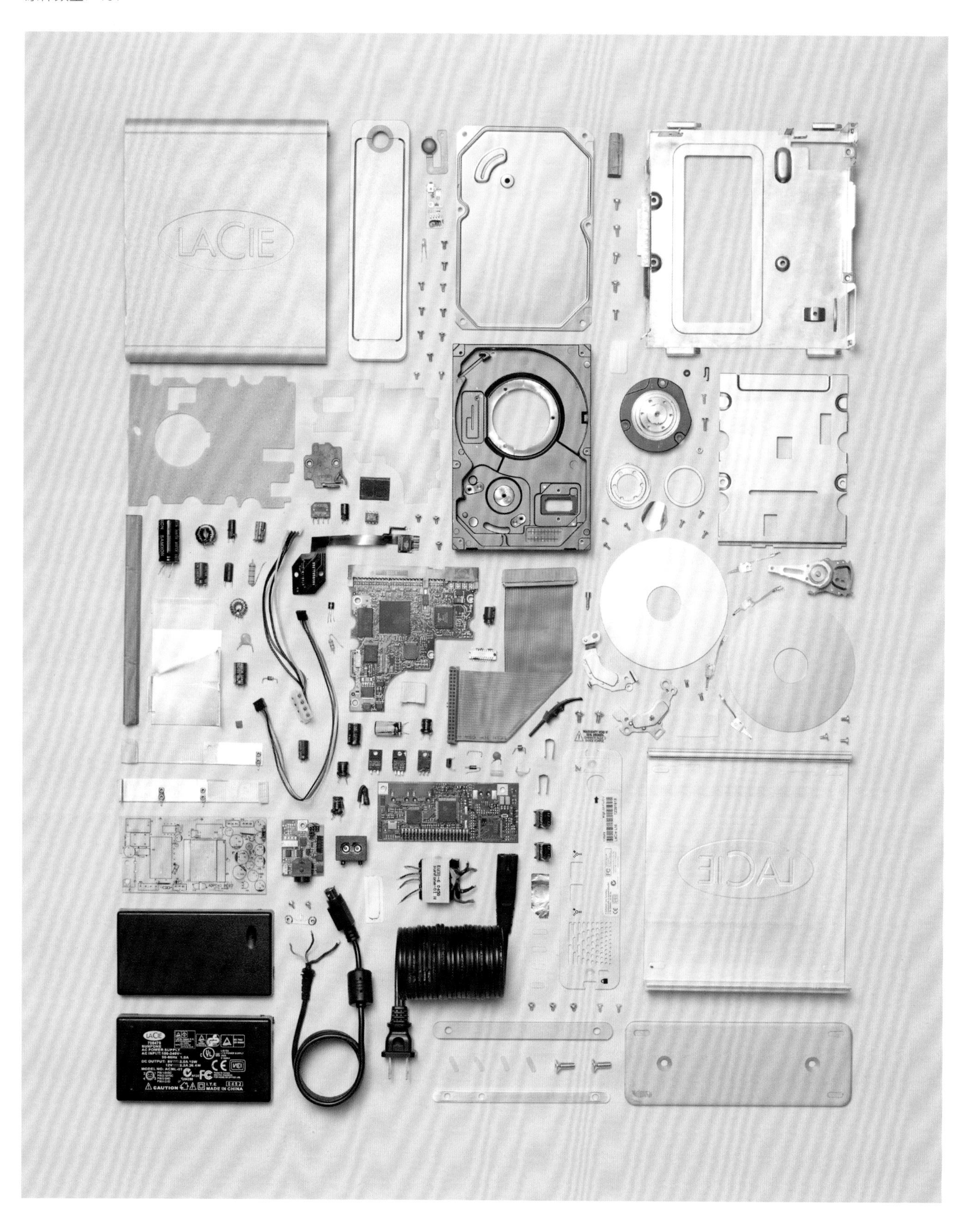

LACIE

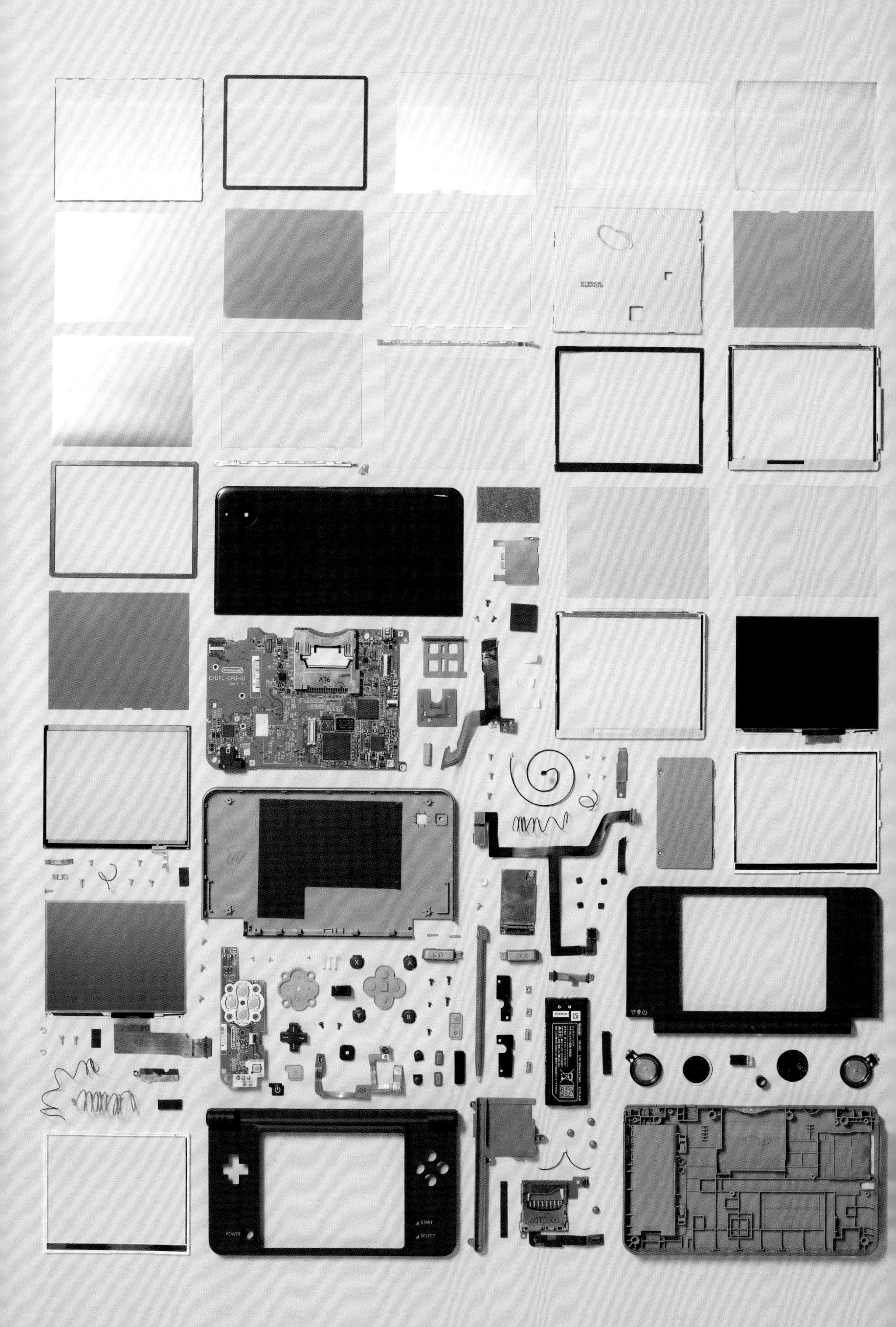
Nintendo
C/UTL-CPU-01
X
A
Y
B
POWER
START
SELECT

上图：

游戏机 1999 年

世嘉（Sega）

原件数量：326

左图：

游戏掌机 2010 年

任天堂（Nintendo）

原件数量：206

第 34 页：

iPod 2 2002 年

苹果（Apple）

原件数量：80

第 35 页：

随身听 1982 年

索尼（Sony）

原件数量：370

TOSHIBA
MENU
0371MS-C0
MADE IN JAPAN

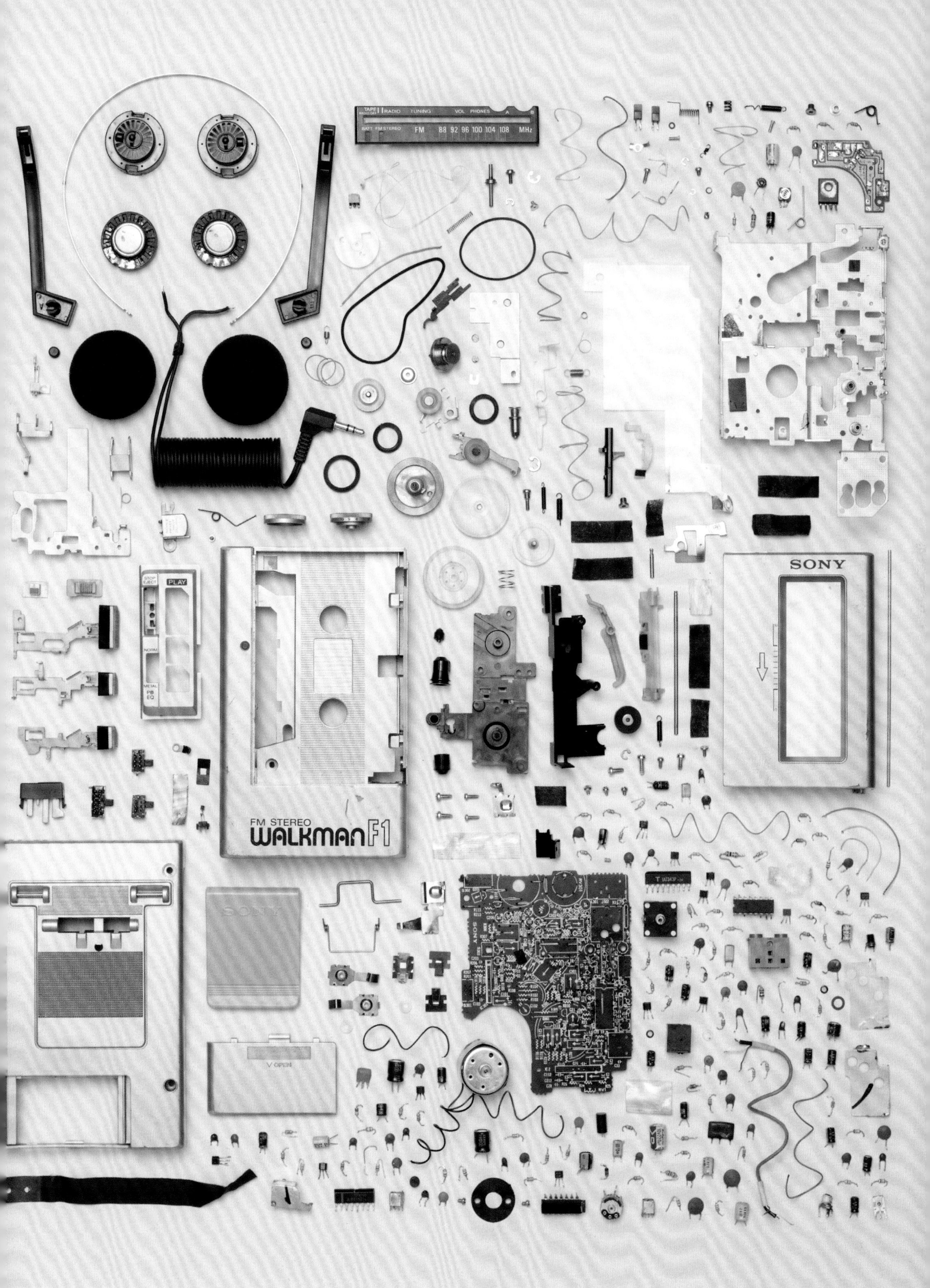
TAPE RADIO TUNING VOL PHONES
FM 88 92 96 100 104 108 MHz
SONY
STOP EJECT
PLAY
NORM
METAL
PB EQ
FM STEREO
WALKMAN F1

直发器 1989 年

CHI

原件数量：91

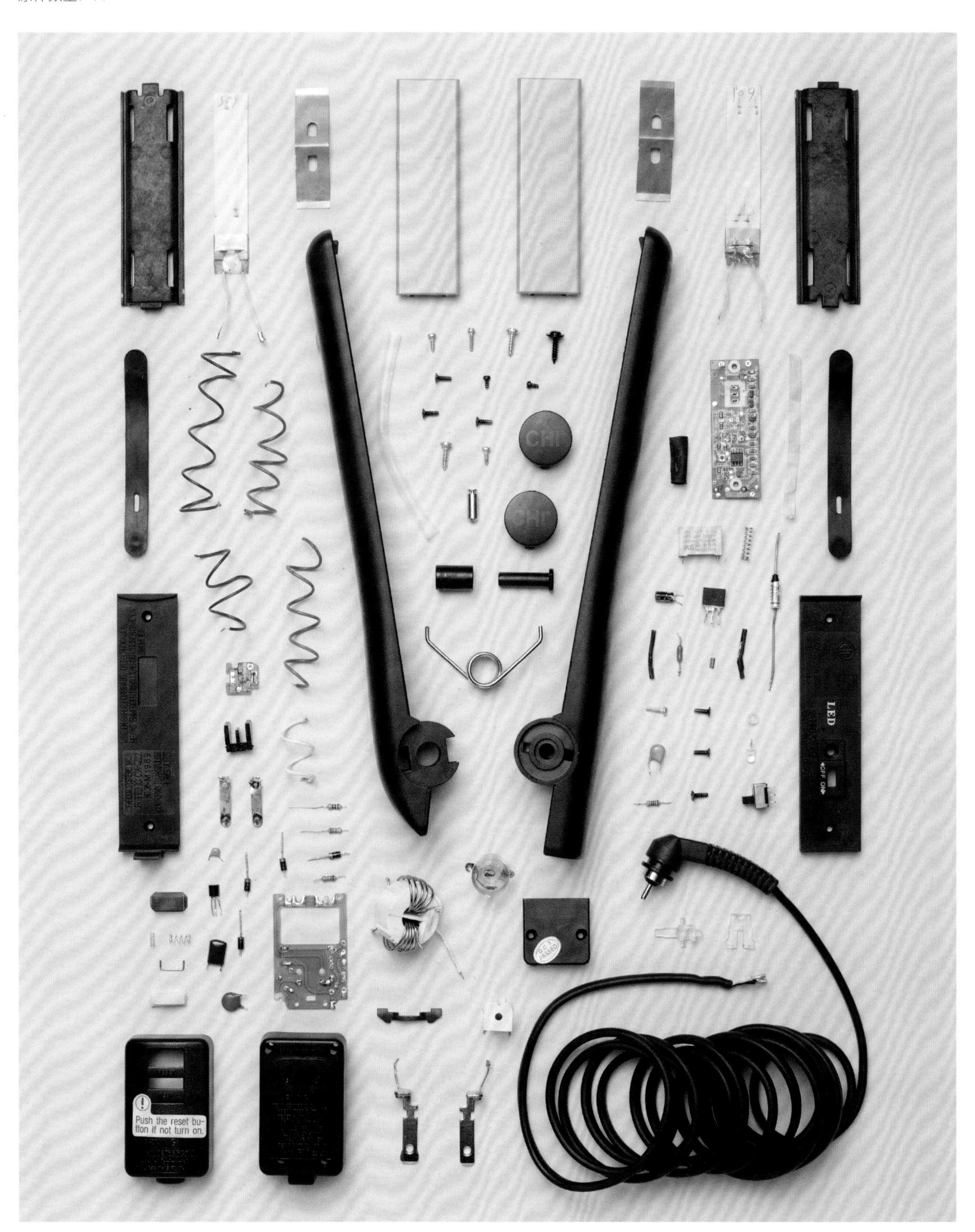

吹风机 2006 年

巴乐士（Parlux）

原件数量：94

iPad 2 2011年

苹果（Apple）

原件数量：174

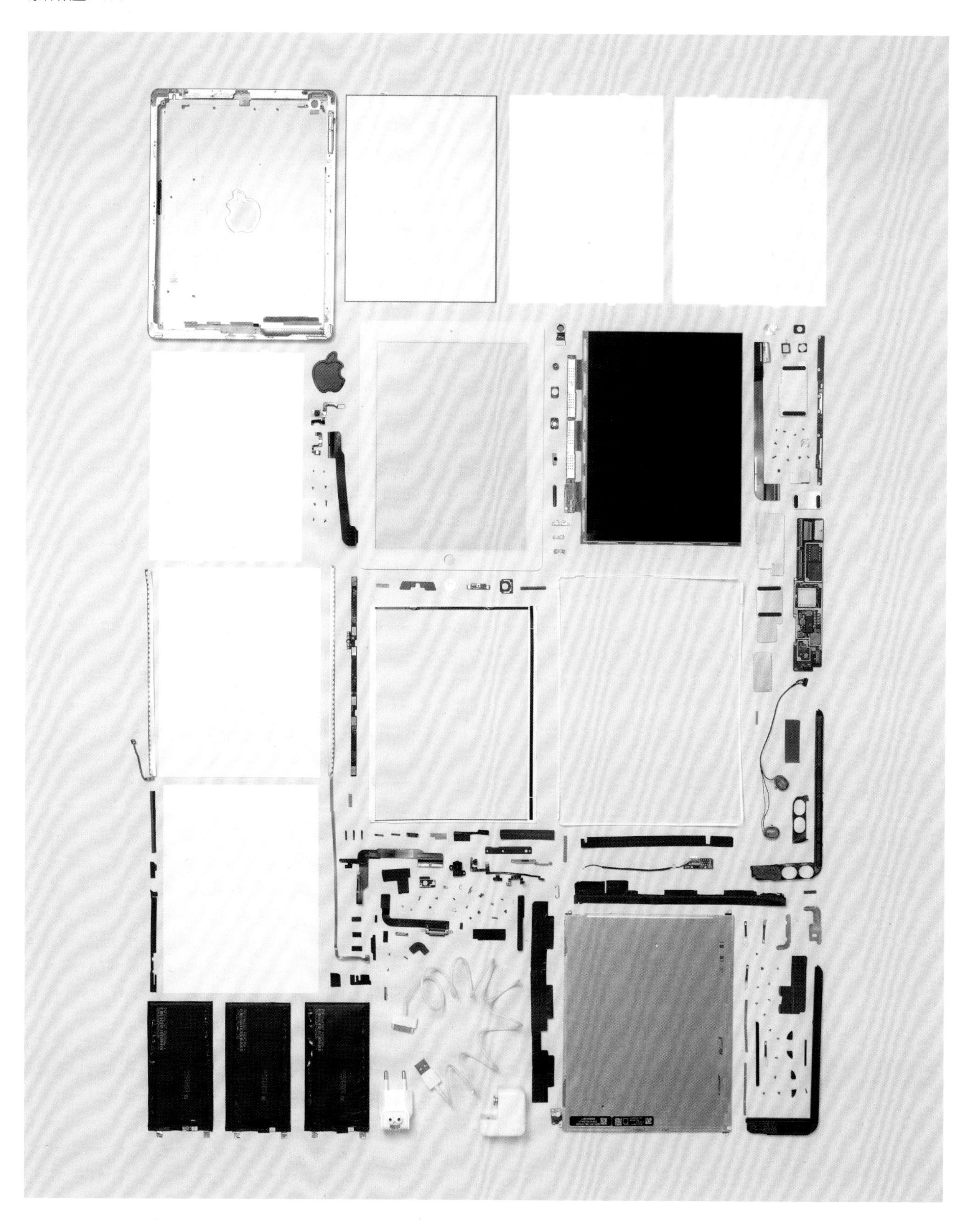

修理革命

凯尔·韦恩斯*

我们拥有的物品，都是辛勤劳动的产物。制造一个物品，需要各个领域的专家齐心协力。他们花费数年的时间来设计产品、挑选材料，提出无数的方案，建立全球供应链，并创办制造厂。等设计工作完成，所有部件都到位之后，组装产品的过程便开始了。这些产品，尤其是电子产品，是由一群以女性为主的年轻亚洲工人组装。他们灵巧的手指来回翻飞，在安静的乐声中以重复的韵律舞动，使螺丝、电线和按扣拼合在一起。物品一点一点地成型了。来自不同地方的人们，谨慎而有条不紊地促进着产品的诞生。

毁灭这一工作的，被称为“剖解”。我记得第一次亲见剖解是在日本。那位艺术家田中光信（Mitsunobu Tanaka）自称完美主义者（Kodawarisan），或是“技术狂”，他是一位与红十字会共事的医生，身怀拆解绝技。他总是第一时间拿到苹果公司的最新产品，将其拆解，向大众展示其工作原理。他的爱好是以手术般精密的技术，逆向展示物品的制造过程。我登门拜访时，他已经仔细地把苹果电脑内部的零件陈列出来了。卸下塑料外壳之后的PowerBook逻辑板成了一件复杂的艺术品，如同飞机俯瞰视角下充满生机的城市。

虽然我不会日语，看不懂田中光信介绍拆解过程的文字，但他拍的照片已然足够震撼了。崭新的元件铺展在白色背景上。他几十年的拆解功力，在一张照片里就能完全体现。复杂的电子产品显得简简单单，一尘不染。他的照片就像往平静的水面扔了颗石子，在网上泛起了层层涟漪。他们惊呼：“看啊，全新的产品，里面的构造所有人都能一览无余。”

从那时算起，让我拆到只剩下逻辑板的电子产品已经有上百个了——我的组织iFixit，有部分名声正是来自于对新型电子产品的剖解。但我最初拿起螺丝刀的目的，并不是要分享里面的奥秘。其实，我拆东西是出于最实际的原因。东西坏了，我要继续用，所以去修复它们。使我踏上这条道路的，不是什么灵光一现、天外飞仙。剖解，是一种不期而至的结果，我原本的意图，其实是重建秩序、解决故障，以及修复损毁的物品。

生活总是会向我们抛出一堆有待解决的问题。在如今这个发达的世界，我们的生活方式依赖着一些很久之前便针对人类最基本的问题而研发的解决方案：道路用于交通，电

* 凯尔·韦恩斯是iFixit的联合创始人兼首席执行官。iFixit是一个免费教人修理物品的网络社区，以拆解技术与自由分享的维修手册而闻名。

吊扇，2014 年 | 必爱风（Big Ass Fans） | 原件数量：149

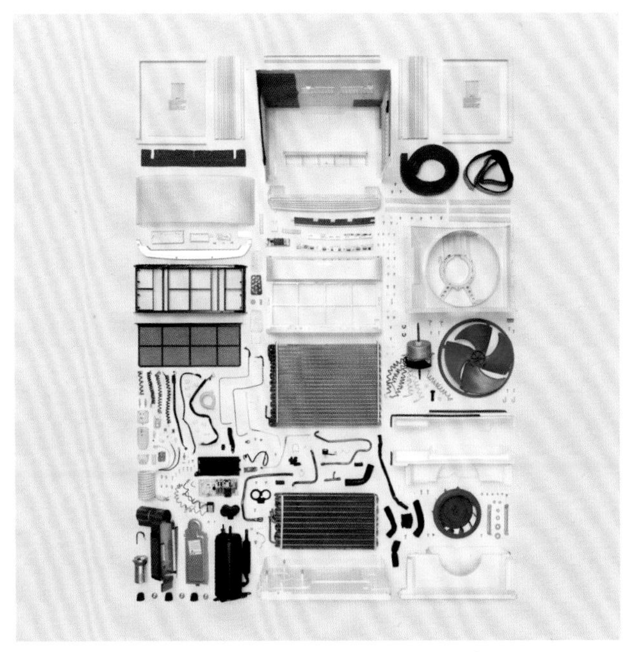

空调设备，2016 年 | 福利吉戴尔（Frigidaire） | 原件数量：237

力和油井用于供暖，管道用于运水和排污，零食店用于解馋，医院用于治疗。现在，我们的大部分物质需要都能通过已有的基础设施得到满足，我们用不着再发明什么东西来确保自己的生存。不过，我们必须维持已经确立的优势，保护我们的成就。我们真正的对手是熵；这种宇宙法则，会从原子的层面上以不可逆的方式摧毁我们所创造的一切。

我们真正的对手是熵；这种宇宙法则，会从原子的层面上以不可逆的方式摧毁我们所创造的一切。

我们反击的次数太少了。东西一坏，我们就扔掉，任凭多年来注入其中的劳动、思想、采掘与制造白白浪费。但这种行为是要付出代价的；如果向熵举手投降，我们就会停滞不前。我们忘记了：解决问题，是人之所以为人的原因，也是指引我们通往未来的道路。

乔治·威尔斯（H. G. Wells）在小说《时间机器》中描绘了未来人类分为两支的图景：一支是生活在洞穴里，懂得机械原理，清楚如何制造和维修工具的摩洛克人（Morlocks）；一支是精通昏睡的艺术，成天在逐渐朽烂的建筑里睡大觉，如孩童一般的埃洛伊人（Eloi）。此书出版于1895年，当时工业正在蒸汽机的推动下蓬勃发展，卡尔·本茨（Karl Benz）的内燃机即将彻底改变运输系统，威尔斯是少数几个能够预见到小说中所描绘的社会震荡之人。在19世纪末，大众对蒸汽机原理的认识，并不比现代人对手机原理的认识更为深入。

从直觉来说，我们基本上不需要了解物品的工作原理。只要能用就行。把东西用到不能用为止，然后丢掉，等待别人设计出替代品，这是一种简单而自然的选择。我们当中那些对此不假思考，而且感到无所谓的人，先进科技对他们而言必然会越来越像魔术。把衣服放进洗衣机里，加点儿洗衣粉，洗一遍，再循环往复。但是谁来设计和维护这个充满神奇物品的世界呢？要是有一天衣服洗不干净了，该怎么办？我们必须抵抗懒惰的欲望，避免沦为埃洛伊人，不能光指望着别人不断前进，然后将我们从缺乏好奇心所导致的恶果中拯救出来。向熵还击，不是一个能够自动完成的任务，甚至连简单的选择都谈不上。要想达到这一目的，就需要一种新的生活方式或态度：去深究，或者去真正地理解机器。

学习修理是一个不断累积、爬楼梯式的过程。闪现的洞察力可以为你展开新的可能性。你见识过的设计品越多，研究的越多，你越在行。

一旦你开始深究自己的物品，一个遍布可能性的世界就向你敞开了大门。了解一个物品的工作原理，你就可以按自己的需要去改造它。你对自己的洗衣机有了深刻的认识之后，在它出现故障时修理它就会像清理堵塞的下水道一样简单。一旦弄清楚到底是哪里出了毛病，问题就可以迎刃而解了。

拆解有时是非常机械的。卸下一颗螺丝，再卸另一颗。在某种意义上，你自身会化作一台机器，有条不紊地运作，让自己按照预定的步骤拆开另一台机器。拧螺丝，取下部件。如此循环往复。

但之后就碰到问题了。接下来该干什么，不是一眼就能决定的。于是过程不得不中断。你停下来，拿起正在探索的物品，寻找一个新的角度。就像探险家在洞穴里遇到死路一样，你原路返回，寻求其他解决办法。你知道里面还有更深的地方，但怎么走才能抵达？你开始扩大视野，寻找另外的途径。创造力就是从这里诞生的。你开始自问："如果是我来设计，会怎样把它整合到一起？"答案就在前方。后退一步，确定问题之所在，从而找到解决方案，这才是真正的挑战。

学习修理是一个不断累积、爬楼梯式的过程。闪现的洞察力可以为你展开新的可能性。你见识过的设计品越多，研究的越多，你越在行。拆解物品需要换位思考，从制造者的角度去看待问题。如果你的电脑显示器打不开了，上网搜索的结果表明，一个常见的原因是电容器坏了——最开始这一诊断可能让人有点摸不着头脑，但你可以深入研究一下为什么电脑需要电容器，以及如何在你的机器里找到电容器。除此之外，经验也起了作用。你发现电容器如果鼓了起来，而且有电解液干掉的痕迹，它就是坏了。当你学会如何替换坏掉的电容器，让显示器的工作灯重新亮起来时，你会不由自主地微笑。有那么一刻，你简直把自己当成设计它的工程师。你成功探究了这台机器。

下次再拆东西时，你会想起来这次因为显示器外面没有螺丝，所以你是用吉他拨片把它撬开的。你会想起来自己不得不沿着电线去寻找它们来自哪里，并把它们从脆弱的连接器上拔出来。而再次遇到困难时，你将去克服它，因为你会想起来，成功修好一个东西能带给人满足的快感。

修理的过程会将头脑与物品联结在一起。你既是制造者，又是修复者。螺丝刀、扳手、磁力托盘、各种厚度与硬度的撬挖工具——修复者用这些简单的工具卸下物品的外壳，拉上窗帘，钻研"黑匣子"的奥秘。有时候，物品仿佛在嘲笑修复者，似乎制造者在说：“我把它粘上了，因为我不想让你知道里面的样子。”碰到这种情况，修复者就必须动真格，使用更强大的工具，比如工业热风枪和牙线，甚至对付特定螺丝用的专业螺丝刀。而另外一些物品似乎希望修复者能用心修理它，让它再多工作几年。圆形门把手和弹簧锁很容易修理，说明它们愿意陪伴主人一辈子。对于这些可以拆解并重新组装的“仁慈”物品，维护它们就像使用它们一样简单。最好的物品是非常耐用的，过多久都不会坏，而不是刚使用没两天就出现一堆毛病。人和机器应该相携相伴，共同前进，留下岁月的痕迹。

制造者的灵魂会渗透进机器，而作为使用者，我们则通过了解其工作方式来拾获智慧。拆解是学习、是修复，也是前进。了解我们拥有的物品，便能发挥我们天生的特长：解决问题。

不了解物品的工作原理又会怎样？我们将不再完整，受困于当代的荒原，只能靠信用卡解决问题，而不是靠双手和头脑。世界不再鼓励我们亲手解决问题，于是东西坏了我们便抛弃，让广告来替我们决定接下来该买什么。随意丢掷物品等于放弃解决问题，而这种放弃在一定程度上相当于放弃做人的资格。

我们必须和熵搏斗。拒绝参加这场战斗，便是自甘堕落。

冰箱坏了，应该视为一种挑战，视为熵所下的战书。举手投降是不可接受的，因为这背弃我们的天性，危及我们的未来。找出问题并将其解决，就可以重新夺回生活的主动权，让制造商再赚一笔的如意算盘落空。仔细观察之后，你会发现冰箱结霜是因为加热管坏了。它用了已经有些年头了，现在到了寿终正寝的日子。换根加热管，比换一整台冰箱要省不少钱，也花不了多少时间——你将成功解决问题，而不是被问题击倒。

没有斗争的生活，不是真正的生活。我们必须和熵搏斗。拒绝参加这场战斗，便是自甘堕落。每修理一个被熵破坏的物品，都是取得一次小的胜利。

请人帮忙维修，代替我们参加战斗，固然是一种临时的解决方案，但我们将失去检验自己本领的机会。我们自己的灵魂，以及身为一个人所应有的解决问题的重要能力，正面临着危机。要想重获掌控，就需要拆开我们的东西，探究其原理，试着去理解制造者的想法。通常情况下，解决办法就像换根加热管那样简单。但有时候则需要付出巨大的努力。然而我们必须坚持亲自修理：这是为了获得拆解之美，为了从修复过程中获取满足感，为了实现人类期盼世界变得更加美好的基本愿望。

要想过上好生活，就需要驱使自己不断向前，寻找新的机遇和挑战，让自己变得更好。每战胜一次挑战，我们都变得更加强大，更容易面对下一次挑战。我们思考出来的解决办法，会成为我们的一部分，在我们提高自己的同时，改善这个世界。

电唱机 20 世纪 80 年代

CEC

原件数量：189

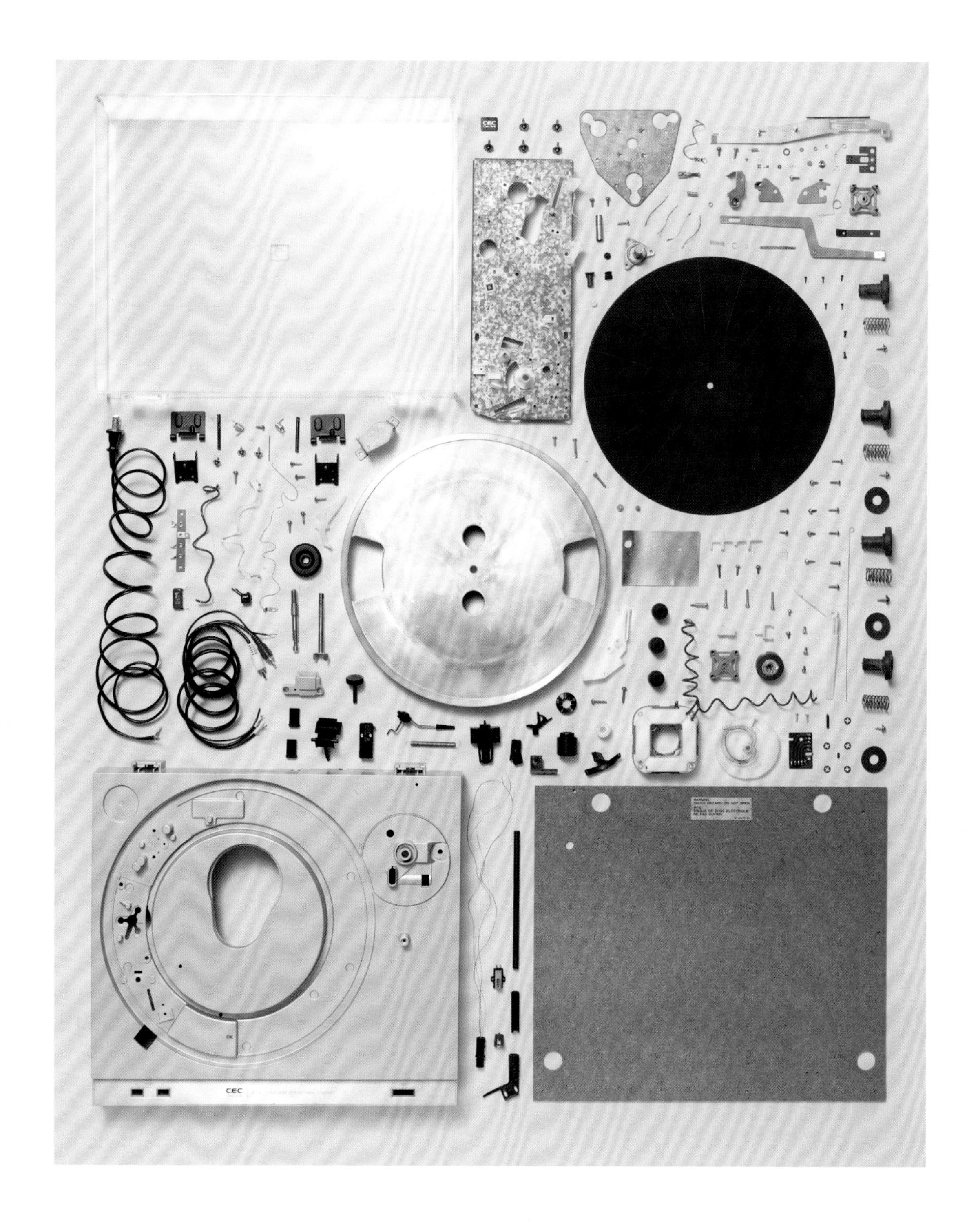

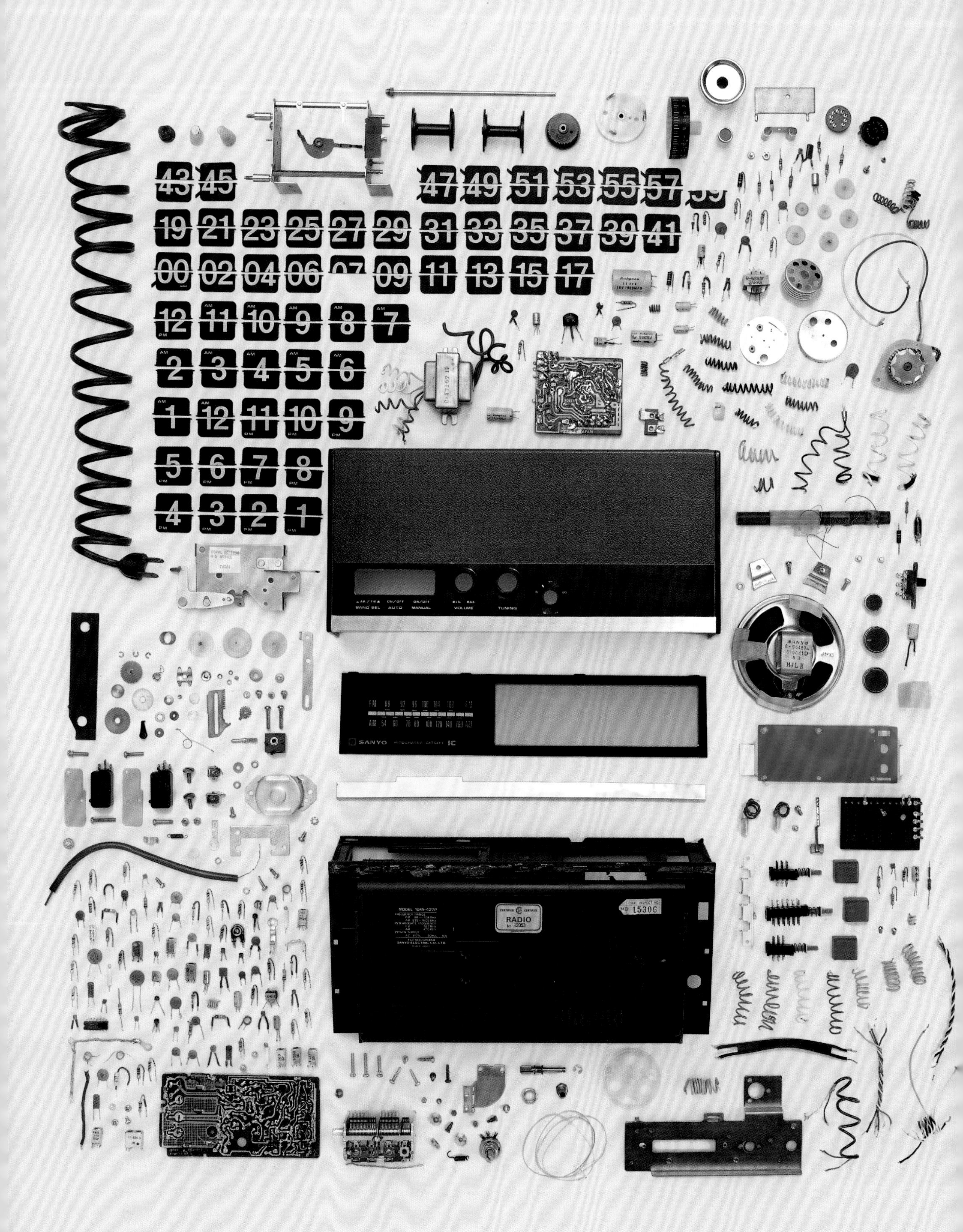

BAND SEL
AUTO
MANUAL
VOLUME
TUNING
SANYO
IC
MODEL 10FA-427P
SANYO ELECTRIC CO. LTD
RADIO
FINAL INSPECT NO
15306

翻页时钟 20 世纪 70 年代

三洋（Sanyo）

原件数量：426

转盘电话机 20 世纪 80 年代

北方电力（Northern Electric）

原件数量：148

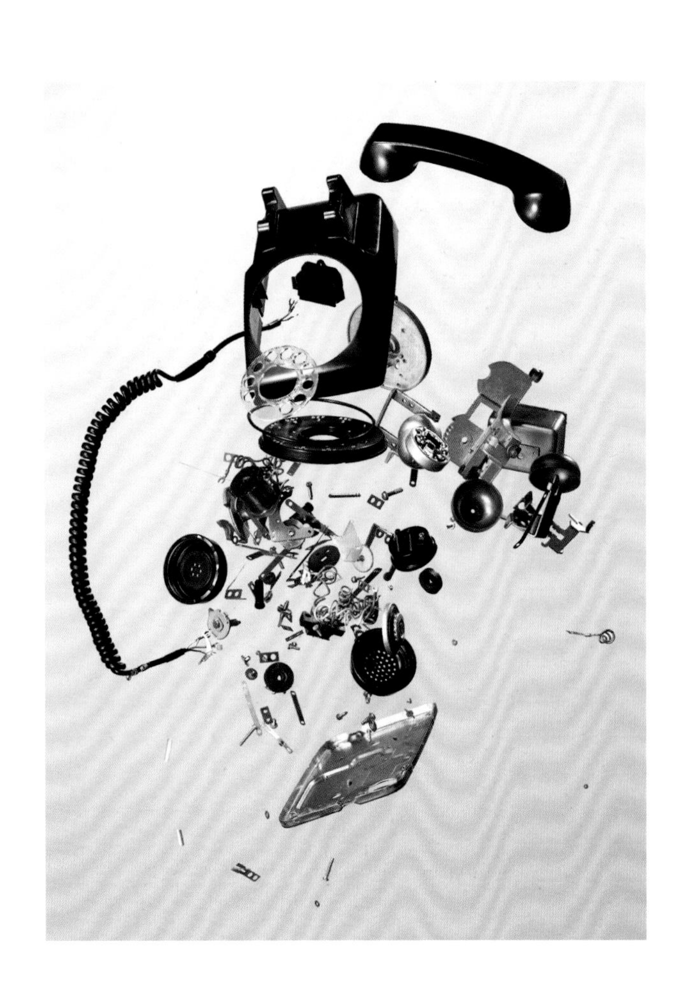

ABC
2
DEF
3
GHI
4
1
JKL
5
MNO
6
PRS
7
TUV
8
WXY
9
0
C4A
63

电度表 1973 年

通用电气（General Electric）

原件数量：87

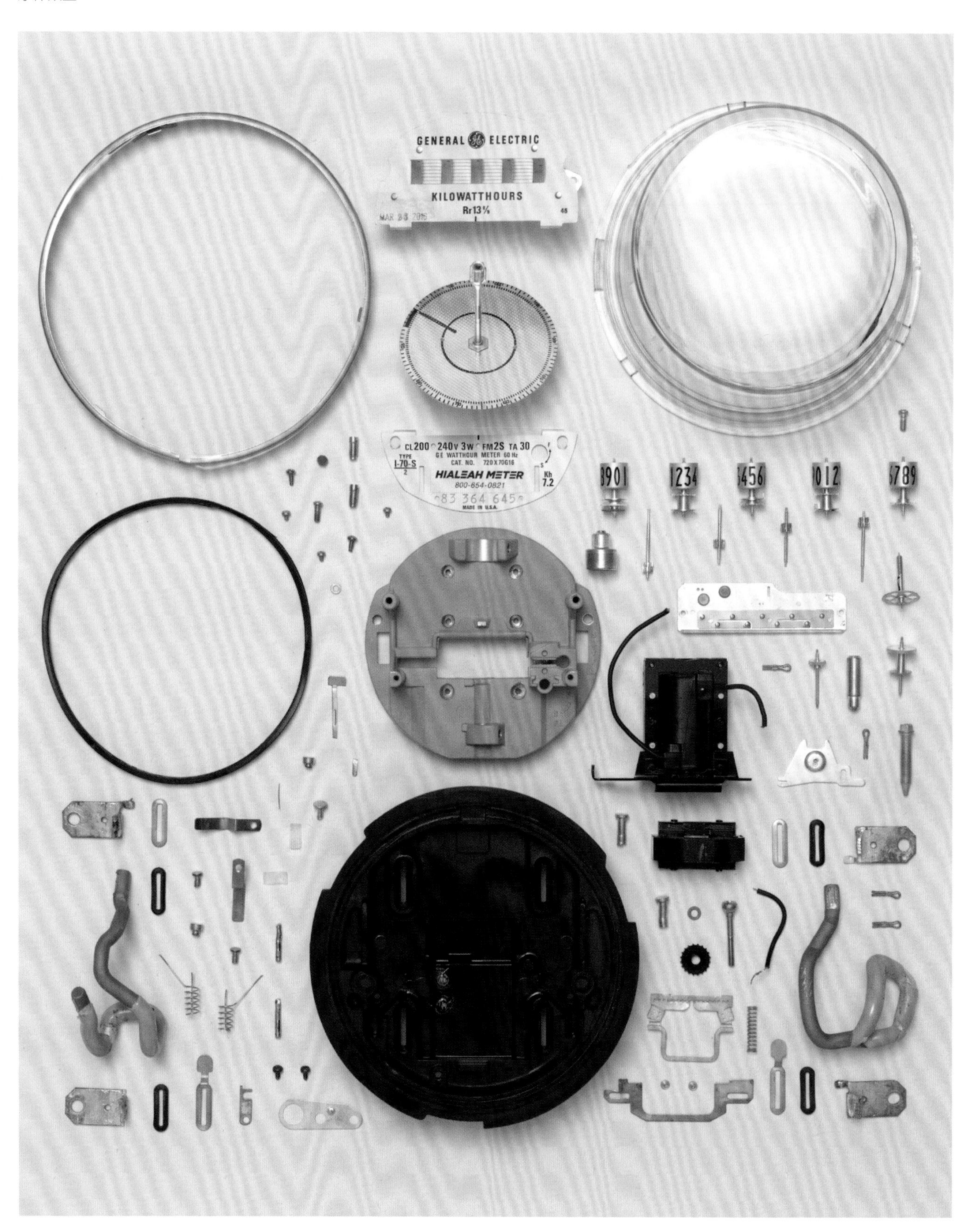

气量计 2005 年

埃尔斯特　美国（Elster American）

原件数量：131

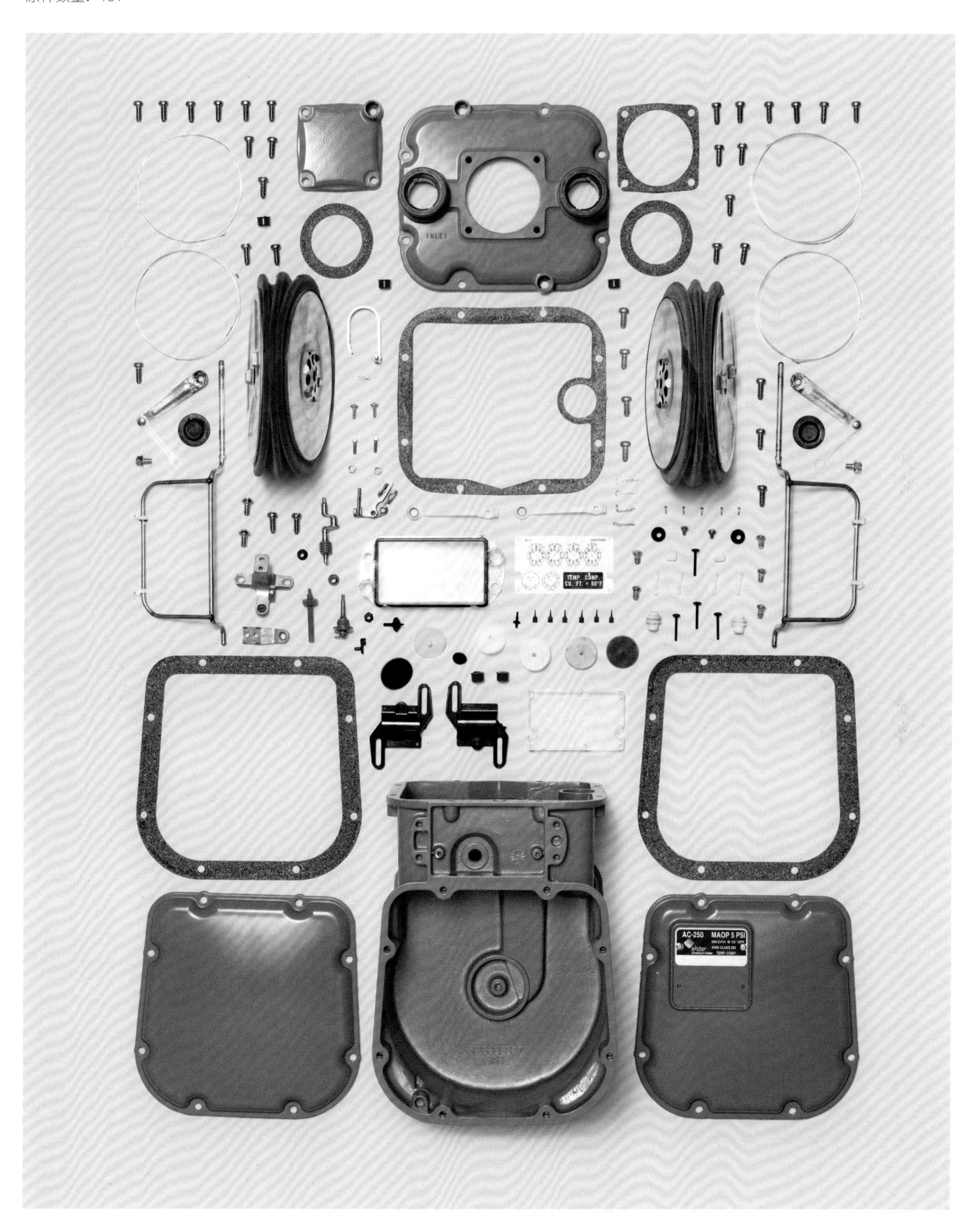

单反相机 1973 年

旭日学宾得（Asahi Pentax）

原件数量：576

第 54、55 页：

数码单反相机 2012 年

索尼（Sony）

原件数量：580

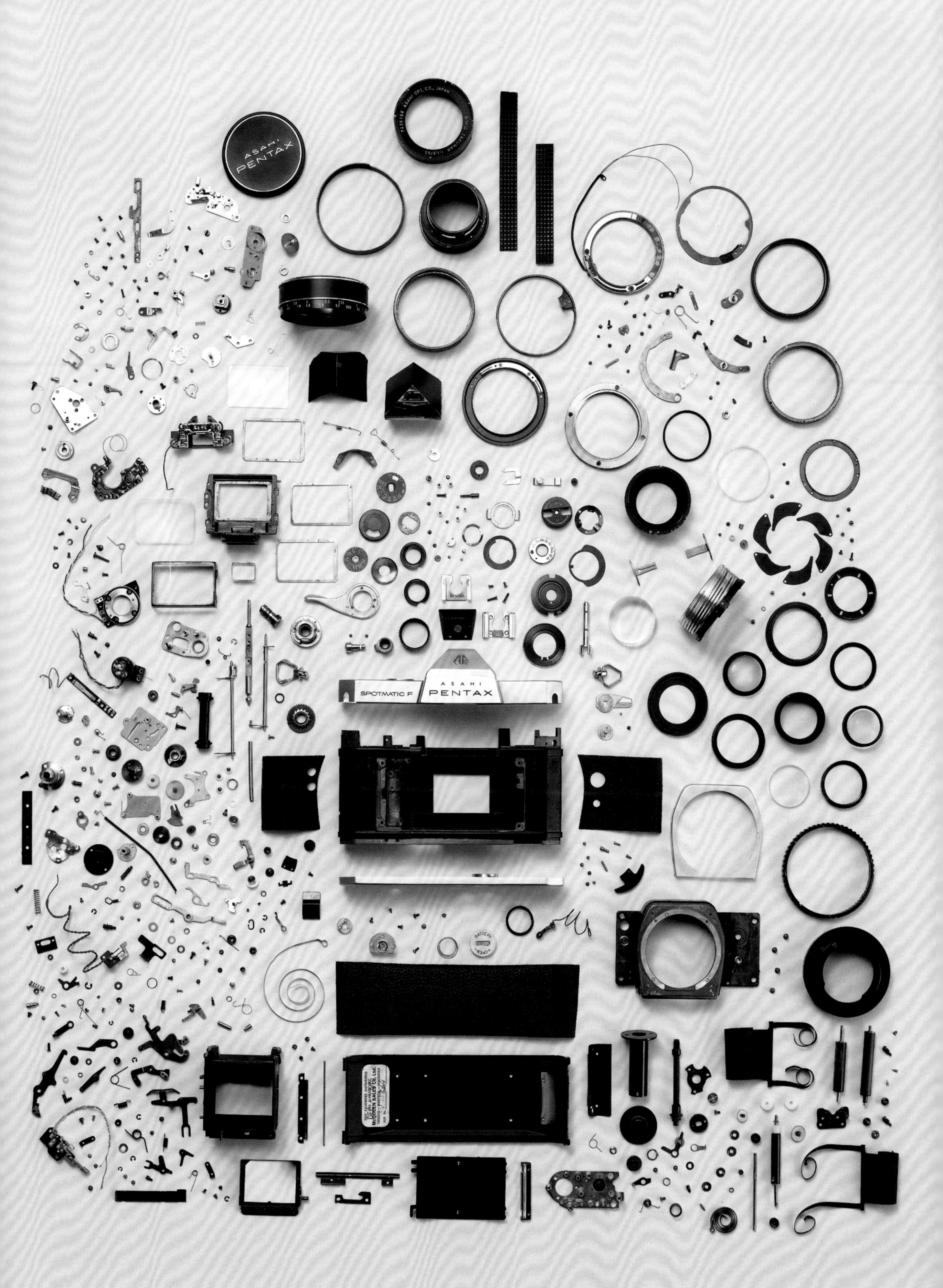
ASAHI
PENTAX
SPOTMATIC F
ASAHI
PENTAX

SONY
SONY

SONY

Canon
200x
DIGITAL VIDEO CAMCORDER
Canon
NTSC
DO NOT PRESS THIS PART.
CLOSE THIS FIRST.
PUSH

数码摄像机 2005 年

佳能（Canon）

原件数量：558

投影仪 1961 年

凯斯通（Keystone）

原件数量：355

KEYST
KEYSTONE
106

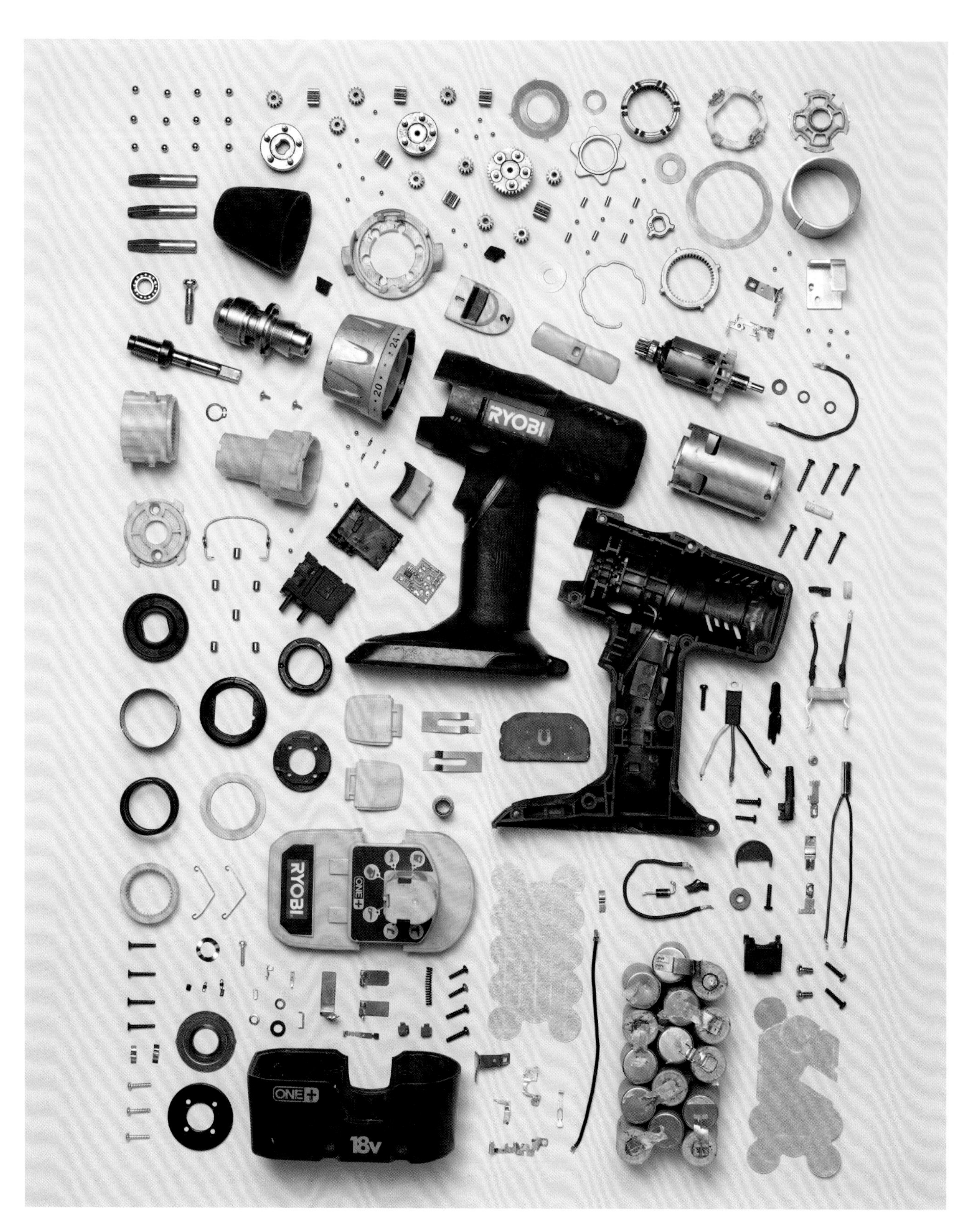

电钻 2006 年

利优比（Ryobi）

原件数量：216

RYOBI
ONE+
18v

台灯 2002 年

宜家（IKEA）

原件数量：73

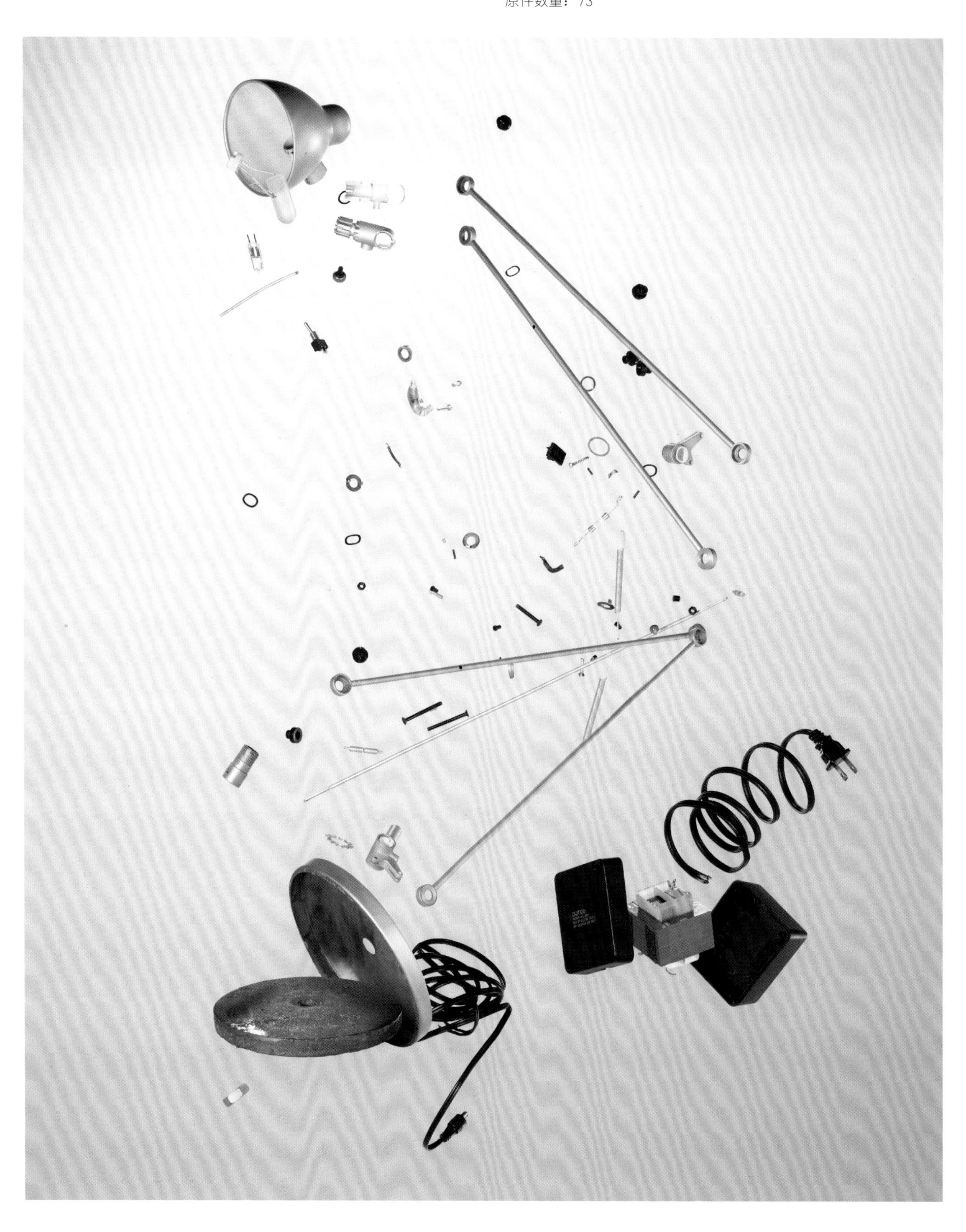

AC ADAPTOR
INPUT : 120V AC 60Hz 65W
OUTPUT : 12V AC 4170mA
CLASS 2 TRANSFORMER
LISTED
MADE IN CHINA

tasco

望远镜 2000 年

塔斯科（Tasco）

原件数量：223

面包机 20 世纪 70 年代

澳洲阳光（Sunbeam）

原件数量：151

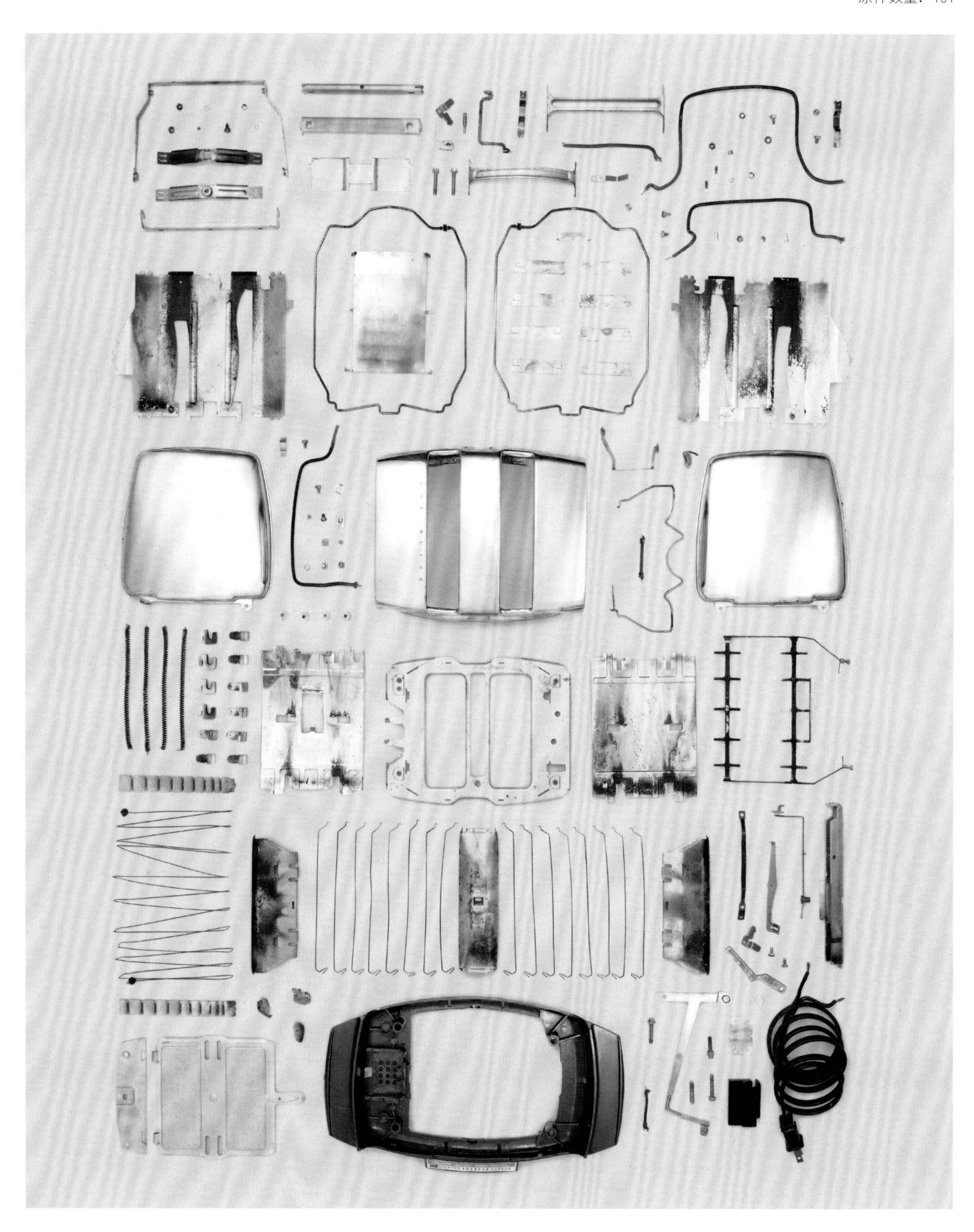

Sunbeam RADIANT SHADE CONTROL
OFF LIGHTER DARKER

搅拌机 20 世纪 60 年代

奥斯特（Oster）

原件数量：147

Osterizer
cyclomatic

DVD 播放机 2005 年

东芝（Toshiba）

原件数量：195

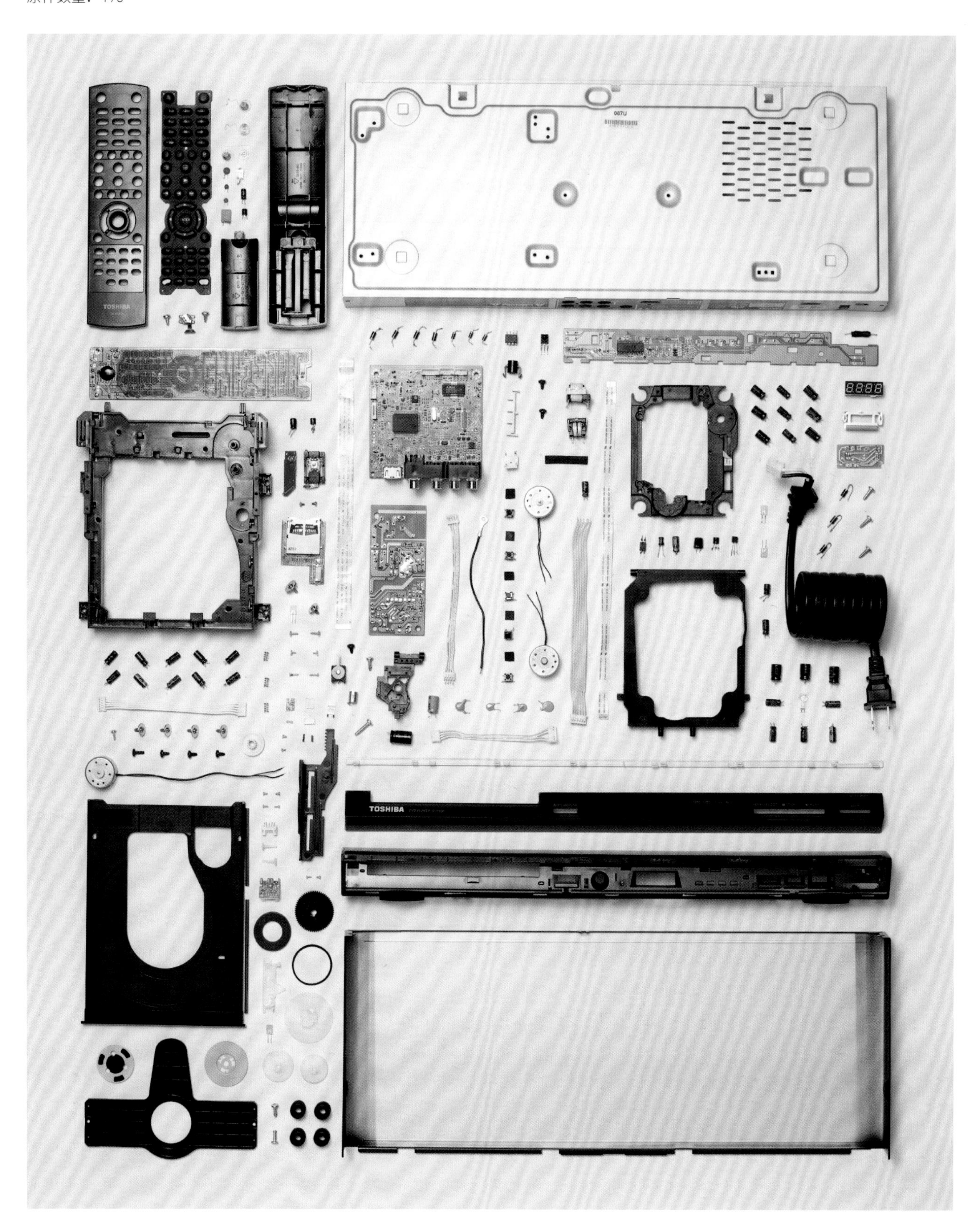

心电图机 2014年

通用电气（General Electric）

原件数量：273

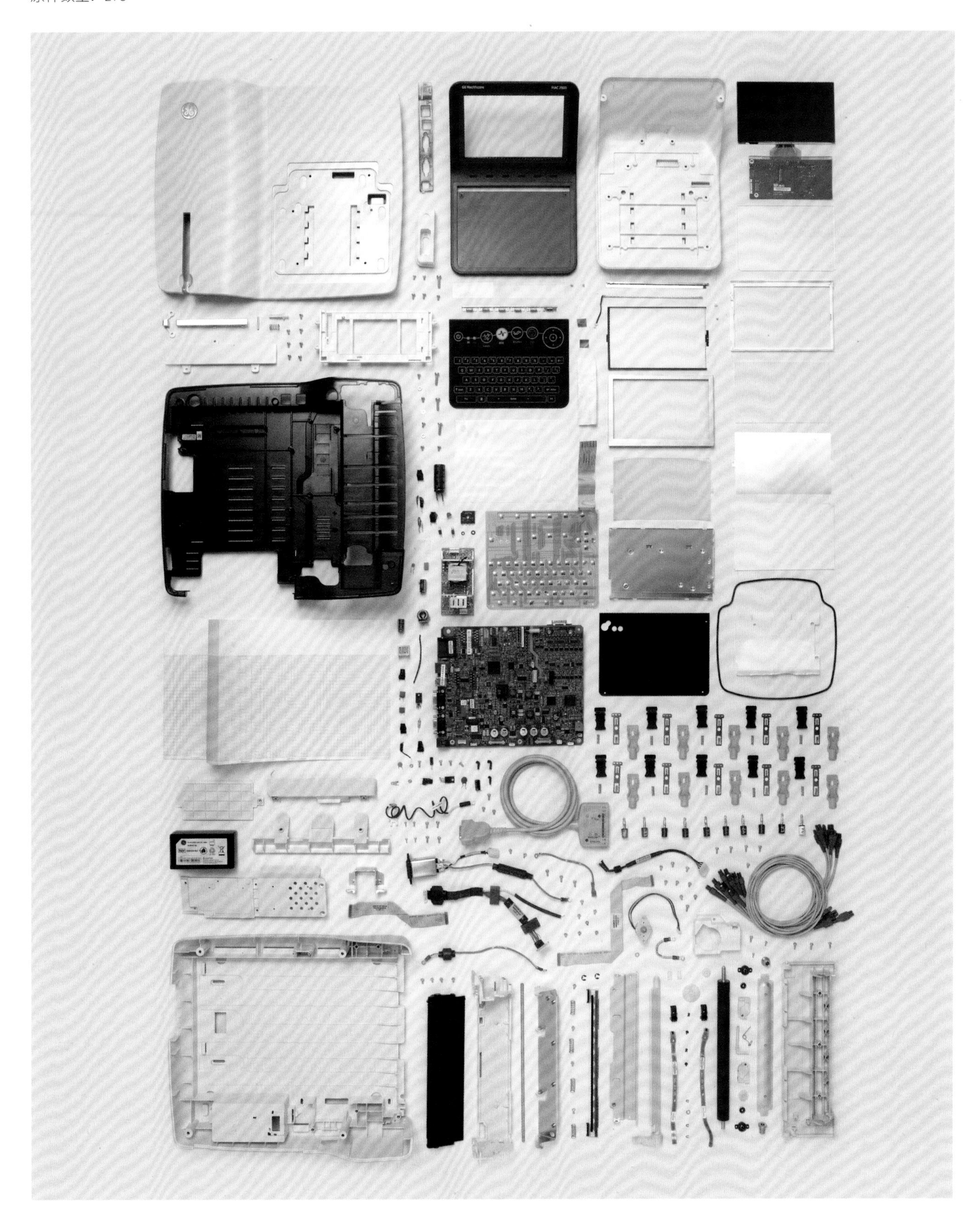

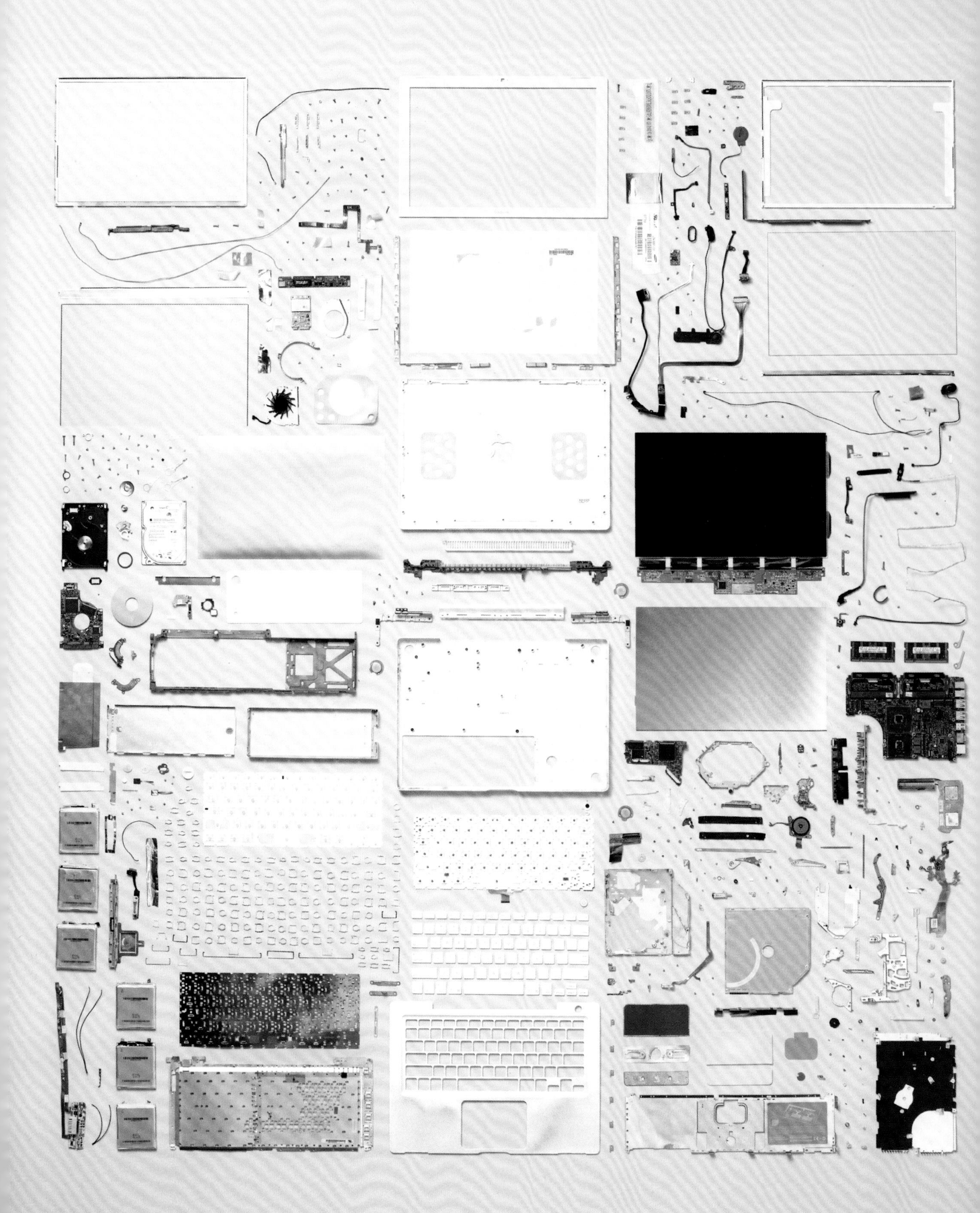

笔记本电脑 2006 年

苹果（Apple）

原件数量：639

打字机 1964 年

史密斯-科罗纳（Smith-Corona）

原件数量：621

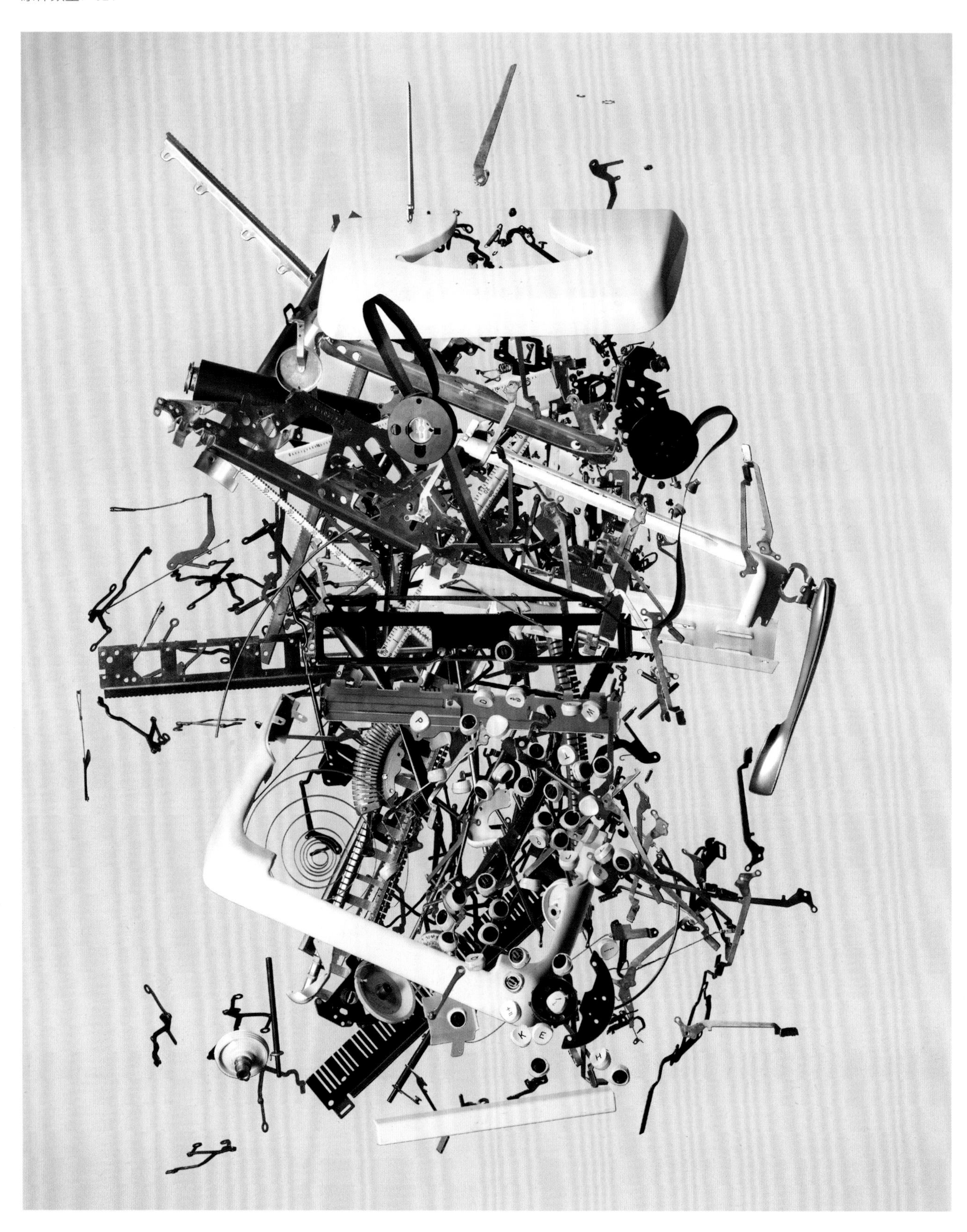

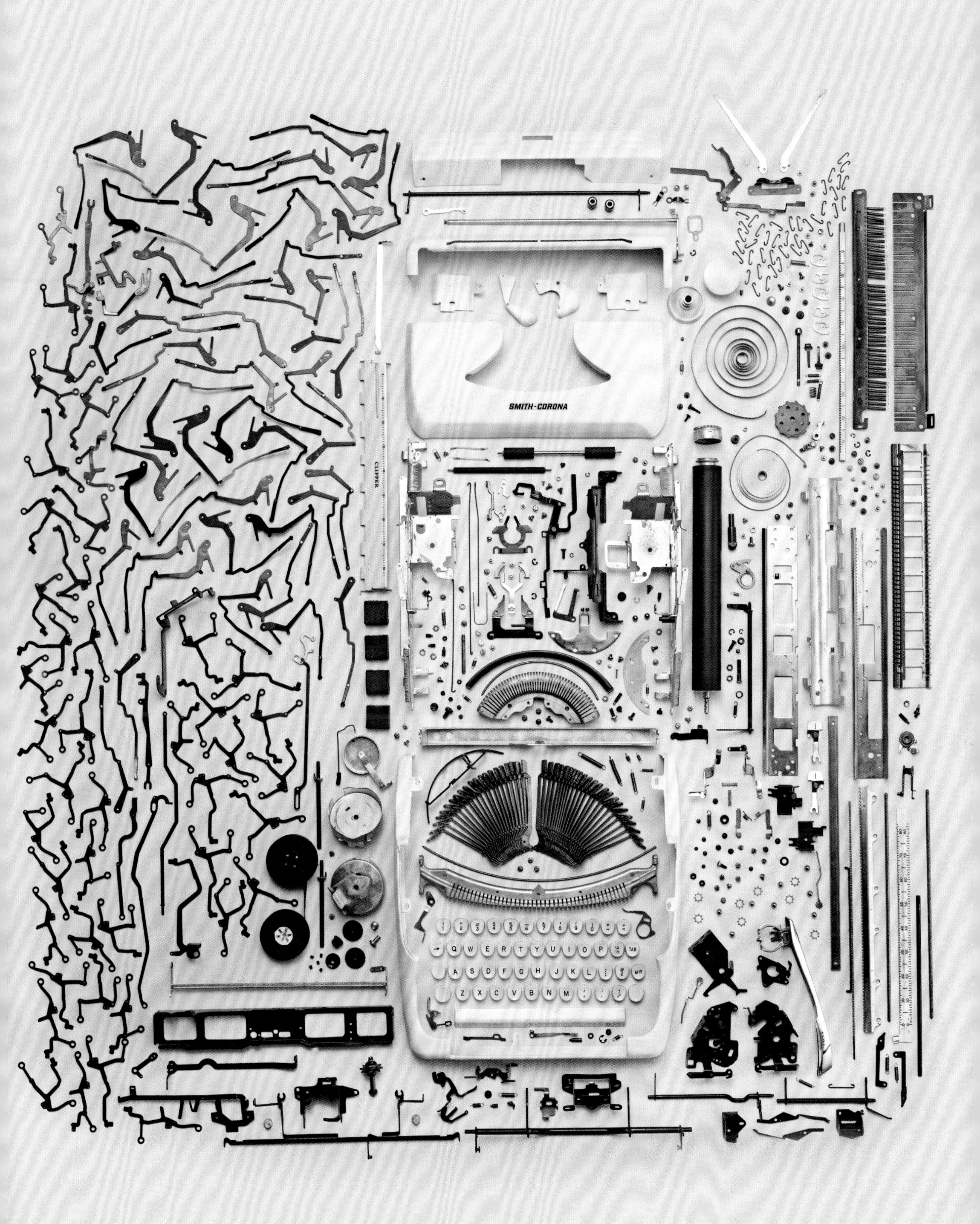
SMITH-CORONA
CLIPPER

打印机 2005 年

爱普生（Epson）

原件数量：532

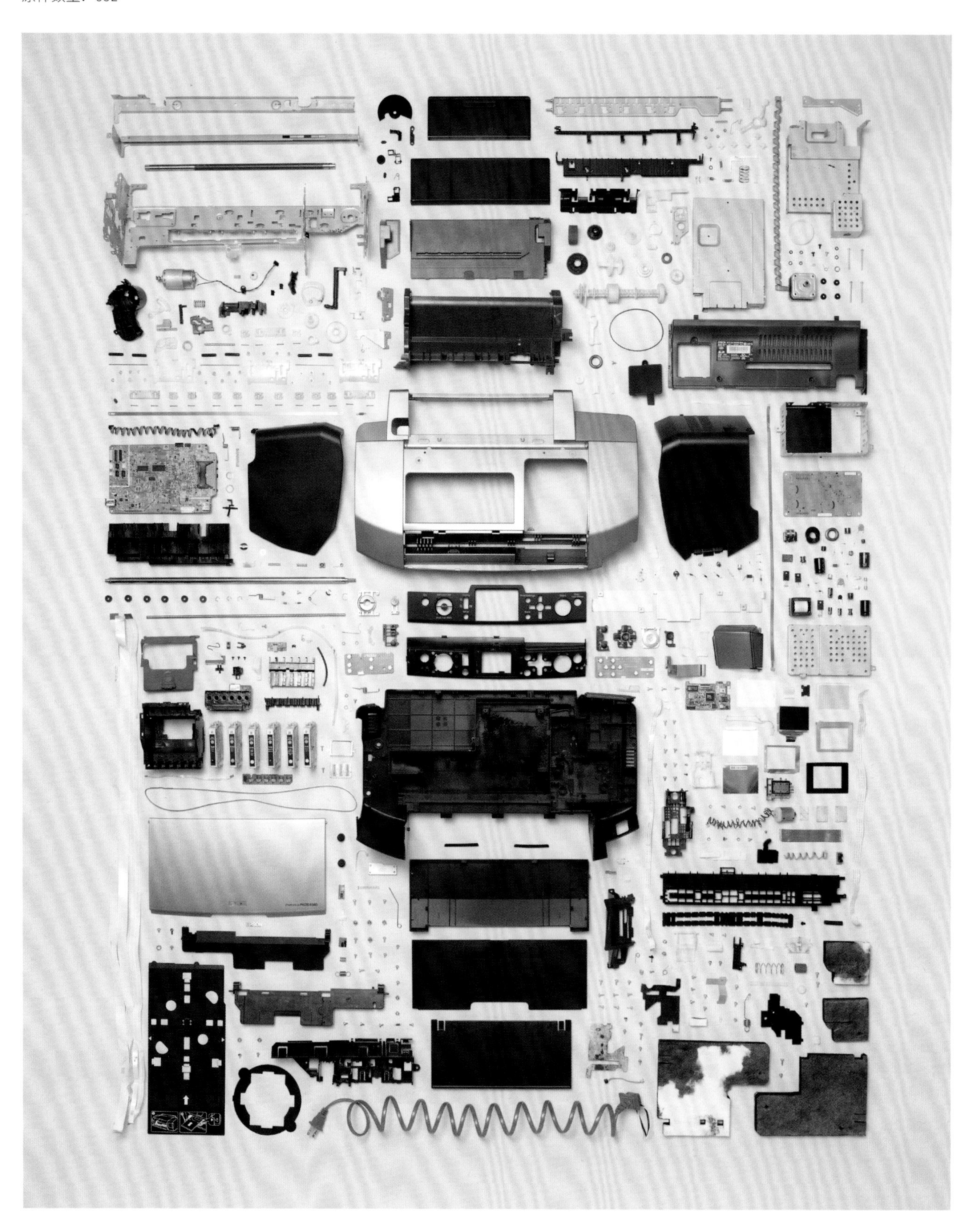

三维打印机 2014 年

3D 系统（3D Systems）

原件数量：679

修补过程中的人生课

吉弗·图利*

修补学堂大约创办于10年前。当时，我意识到，我们这一代人小时候的必修课，现在这一代孩子是没有机会上的。我认识的第一批家长们说："你看，我好不容易才活下来，怎么能让我的孩子们去树林里玩耍，或是在车库里摆弄工具。"有一天，我在吃晚饭时说："我应该办一个夏令营，让孩子们体验真正当孩子的感觉，亲手试试一些工具。"那次吃完饭，有6个孩子报名参加并商定了日期。这是我一生中犯的最棒的错误。当时我在计算机行业里有一份相当不错的工作，在奥多比（Adobe）公司管理着一个创新小组，我自己对此也挺满意的。但开办夏令营的决定成了我人生的转折点，它对于我就像结婚或生孩子对于另一些人那般重要。

夏令营正式开始时，共有8个孩子报名参加。我把自己家楼下的房间打扫了一下，改造成宿舍。从那以后，这个理念越来越受人关注，美国的芝加哥、奥斯丁、布法罗、巴尔的摩、马里布和洛杉矶等地都开设了修补学堂，还有一家刚刚在斯洛伐克的布拉迪斯拉发创办。每年项目的规模都会有所扩大。最初我们每年只办一次，现在是每年5次，每次10个孩子，总共50个席位，而我们能收到大约480个申请。家长们显然是很想把孩子交到这个加利福尼亚的"疯子"手里。这些孩子会来自世界各地。

加利福尼亚是鼓励创业的地方，这对我们很有帮助。人们觉得无力实现梦想，便放弃付诸行动的尝试，不去精心安排每一步，促成事情的发生，这有时令我很震惊。放手去做，尽己所能，其实才更有机会搞清楚自己的梦想是否可行或有趣。别想着尽善尽美，只要尽力而为就好。

我们希望修补学堂能让孩子们获得充实的学习体验，让他们走出舒适区，去迎接挑战。我们不会特意挑选在使用工具方面已经有基础的孩子。一般情况下，孩子们都是头一次用折叠刀或是电动工具。虽然时间很有限，但他们面对的挑战却不简单。我们可能会说："咱们来造船吧。周三就下海试用，开着它们到处转悠。"

我们让孩子们每天工作8到10个小时，并因此而闻名。我们吃饭时会休息一会儿，吃完饭马上就回到岗位上。孩子们比一起干活的大人要积极多了。我们的项目能够让孩子们把上学时学习的众多技能融合在一起——数学、艺术和物理终于找到一个地方派上用场了。他们和难题较劲时的样

* 吉弗·图利，曾任软件工程师，修补学堂（Tinkering School）的创始人。修补学堂为孩子们举办为期一周的野营活动，教孩子们如何使用电动工具建造东西、解决问题、发挥创意，实现变废为宝。

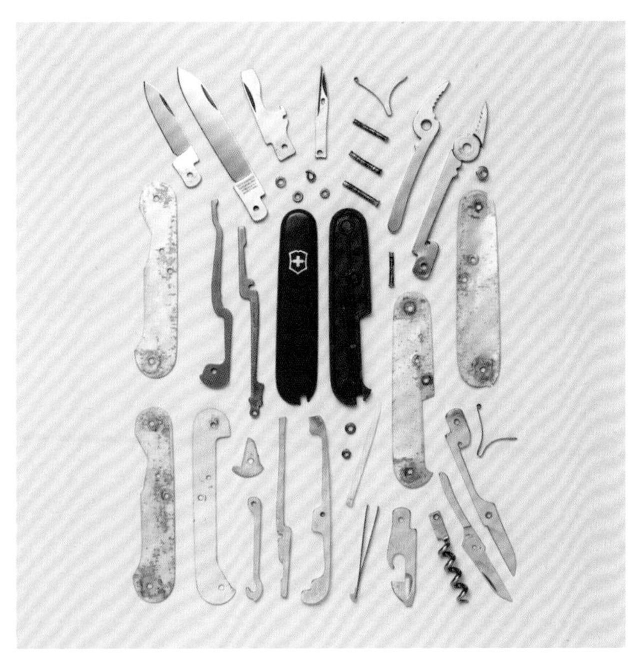

瑞士军刀，1990 年 | 瑞士维氏（Victorinox） | 原件数量：38

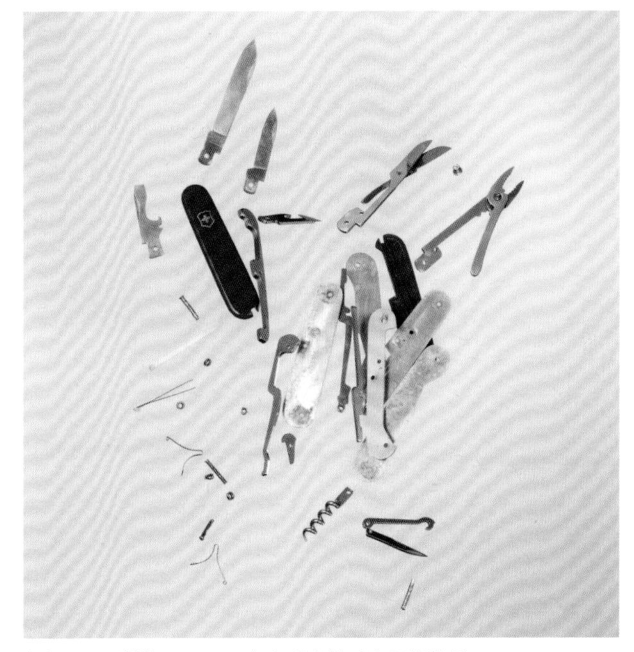

瑞士军刀（迸散），1990 年 | 瑞士维氏 | 原件数量：38

子，以及无论成功还是失败都乐在其中的劲头，令我们深受触动。我们不禁要问：既然孩子们在这种事情上能够全神贯注，不畏艰难，那为什么平时上学就不行了？项目中有些地方总是能够成功，但不一定能一直成功下去。所以我们不再问自己期待的到底是什么，而是从失败中汲取教训，尝试新的设想。

几块平板外加几块巨大的帆，孩子们就把固定在轨道上的“帆船”发明出来了。

我来介绍一下修补学堂到底是做什么的。我最近问孩子们：“你们觉得我们能不能造出靠帆驱动的轨道车？”在一个离学校约45分钟车程的地方，有几段废弃的铁轨。我们先看了看手头有哪些材料，然后在临近傍晚时来到商店，买了一些可以在轨道上使用的轮子，周末时这些出色的交通工具就创造出来了——我们称其为“轨道船”——只要几块平板外加几块巨大的帆，孩子们就把固定在轨道上的“帆船”发明出来了。我们的目的是让这些“帆船”从轨道的一端移动到17千米外的另一端。

不是所有“轨道船”都能抵达目的地。有时是因为孩子们把轮子装错了，轮子在半道掉了下来；有时是轨道自己的问题。这段铁轨以前是用来给工厂运送砂石的，已经相当破旧了。虽然有艘“轨道船”走了8千米，另一艘只走了3千米，但有一艘成功抵达了终点。一个孩子会与新结识的三四位好友共同踏上这趟漫长的轨道之旅，尝试着用船上随机放置的有限材料去安装一个新的轮子，或是修理坏掉的支架。有一组孩子甚至把强力胶带当成轮子，走了5千米路。我认为这次项目单单凭借其纯粹的诗意，就能经得起时间的考验，成为修补学堂最棒的项目之一。对孩子们而言，这是一次大胆的冒险，也是一个亲自解决问题的机会。

但失败同样能带给我们许多收获。有一次，我们在美国杂志《制作》（*Make*）里寻找一天即可完成的项目，想见缝插针地塞到我们繁忙的日程当中。我们决定用烟盒做吉他。早上开始项目时，一切似乎非常顺利。我们计划每个人都打造一把自己的吉他，晚上再办场音乐会。这听上去很有意思，孩子们都非常感兴趣。然而做的过程中我们发现，孩子们不需要按照杂志上的指示去做时最为投入。做到大约三分之二的时候，一个意外情况出现了：孩子们开始意识到自己正在做的吉他与杂志上的不太一样，于是情绪有些低落。他们发现自己做的东西和最初期待的有差距，并开始互相评比。做完之后，虽然大家的劳动成果确实可以发出声音，但孩子们早就知道结果会是如此；里面没有什么能让他们亲自探索和创新的东西。因此我们得出结论，这样的项目没有给孩子留下多少自由发挥的空间，也不能给他们带来探索与创造的快感。

对他们来说，亲眼见识电能的摧毁力是一种难忘的体验。

失败并不一定总会让人情绪低落。有一次我们用电钻当发动机，做了一些电动推车。我们希望孩子们可以握着延长线驾驶它们。我们用的电钻个头很大，是那种用来在混凝土上钻孔的工业电钻。可是它们的力道太大，把推车给弄坏了。链子崩了，齿轮飞了，推车整个瓦解掉了。孩子们当初花费了不少心血，也知道如何电焊，而且这是我们第一次在修补学堂使用金属材料，所以大家满怀期望。可惜推车禁不住电钻强大的扭力。虽然孩子们对于没有机会坐上自己亲手打造的电动推车感到失望，但这种失败当中也包含着某种荡气回肠的东西。对他们来说，亲眼见识电能的摧毁力是一种难忘的体验。

孩子们使用修好的部件和一些旧塑料管，造了一辆“汽车”和一辆“摩托车”。

至于部件，我们会从各种东西上收集。修补学堂有一个原则：我们绝不使用任何不常用的东西。然而有一年，在我们带着孩子们从沙滩回营地的路上，我们发现路边有很多坏掉的剪草机和修剪草坪的设备。我们停下来，把那些靠机油运转的机器装上卡车，带回家整理，取下它们的部件。我们找到两台还能用的发动机，然后孩子们使用修好的部件和一些旧塑料管，造了一辆“汽车”和一辆“摩托车”。孩子们构造底盘的方式，让那辆摩托车几乎可以爬上45度角的斜坡。拐弯时，沉重的发动机会有点儿向外甩，造成过度转向。驾驶它的感觉非常刺激。修补学堂一直都必须严格评估风险与安全系数，孩子们自己也要学习如何评估和降低风险。

修补是在变化的。打字机可能有600多个部件，而iPad只有170个左右，但其中有很多是小零件。现在的孩子经常可以从在线视频里获得新点子。有个孩子向我展示了一种水力驱动的火箭，原理是可靠的，但我此前从未看到过。人们的创造不再是无声无息的，创造者可以用手机拍摄成果，并放到网上。

亲子共同参与的新潮流也对我有所启示。在数字时代，缺乏动手能力几乎已成为一种通病，因为没有人再制造实物了。忽然有一天，人们一觉醒来之后，在自己都没搞清楚的情况下，就迫切地想亲手制造点什么。对我来说就是这样。在电脑特效领域对着屏幕干了几年工作之后，我想用自己的软件技巧去制造实物。

我不知道游戏能否满足或替代人们亲手劳作的渴望。

有些孩子沉迷于“我的世界”（Minecraft）或其他可以自由建造分享的游戏。我认为，可能再过几年，这些曾经痴迷于虚拟世界的孩子也会突然意识到：“我所做的一切，没有一样是真实的。”其中有些孩子通过玩“我的世界”这样的游戏，已经能够理解非常复杂的建造理念，但我不知道游戏能否满足或替代人们亲手劳作的渴望。毫无疑问的是，未来五年里一定会出现不少关于这个话题的论文。

当你凭借脑海中的想法和摆在面前的一堆零件制造实物时，你的思想便与现实有了互动。现实中的物质是有局限的，因此需要一些妥协，但这同样也能带来机遇。孩子们遇到一台坏掉的打印机，把所有零件都拆卸下来，在拆卸的过程中，他们会感觉如同在探索另一个人的想法，甚至是在与设计者对话，探讨物质、经济和市场方面的限制对设计起到了哪些影响。孩子们可能会注意到，由于早早便决定让传感器来回行进于打印机的两端，设计者只能让打印机通过结构复杂而怪异的搓纸轮来进纸和出纸。然后他们还会遇到其他组装物，有带电池的，有带马达的。修复一个马达带给人的刺激感，不亚于在现实中创造出弗兰肯斯坦的怪物。

孩子们愿意进行智力或实践上的探索，最重要的原因莫过于好奇心。成年人背负着很多社会与情感上的重担：他们在众人心目中应该是有能力解决任务并把事办妥的。家长对修补学堂这样的项目感兴趣，是因为他们很难抽出两天的时间来专心拆解某个东西。然而，使用有限的材料进行拆解或建造，正是创造力的根基所在。

家长们常问：“若想让孩子学习修补技术或怎样拆解物品，该从何做起？”好吧，我认为应该重新允许孩子使用折叠刀。这是一种神奇的强力工具，用途广泛，只要花上10到15分钟坐下跟孩子强调一下安全因素，就可以放心让他们体验。折叠刀可以用来拆、够、撬、裁，无论探索什么都能派上用场。它可以提高使用工具的能力，培养你的手眼协调性，帮助你改造世界。

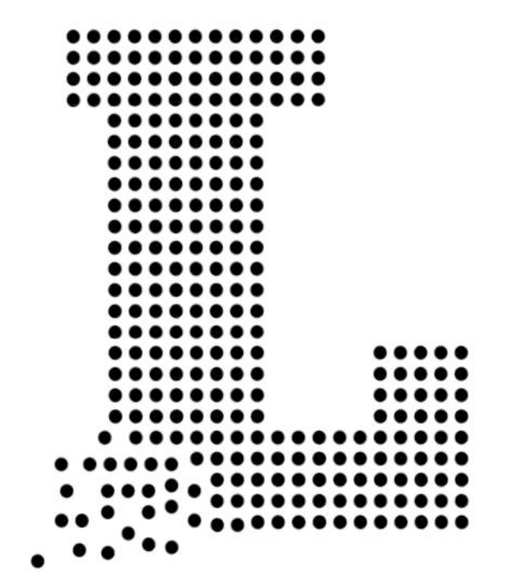

手风琴 20 世纪 60 年代

阿格斯（Argus）

原件数量：1465

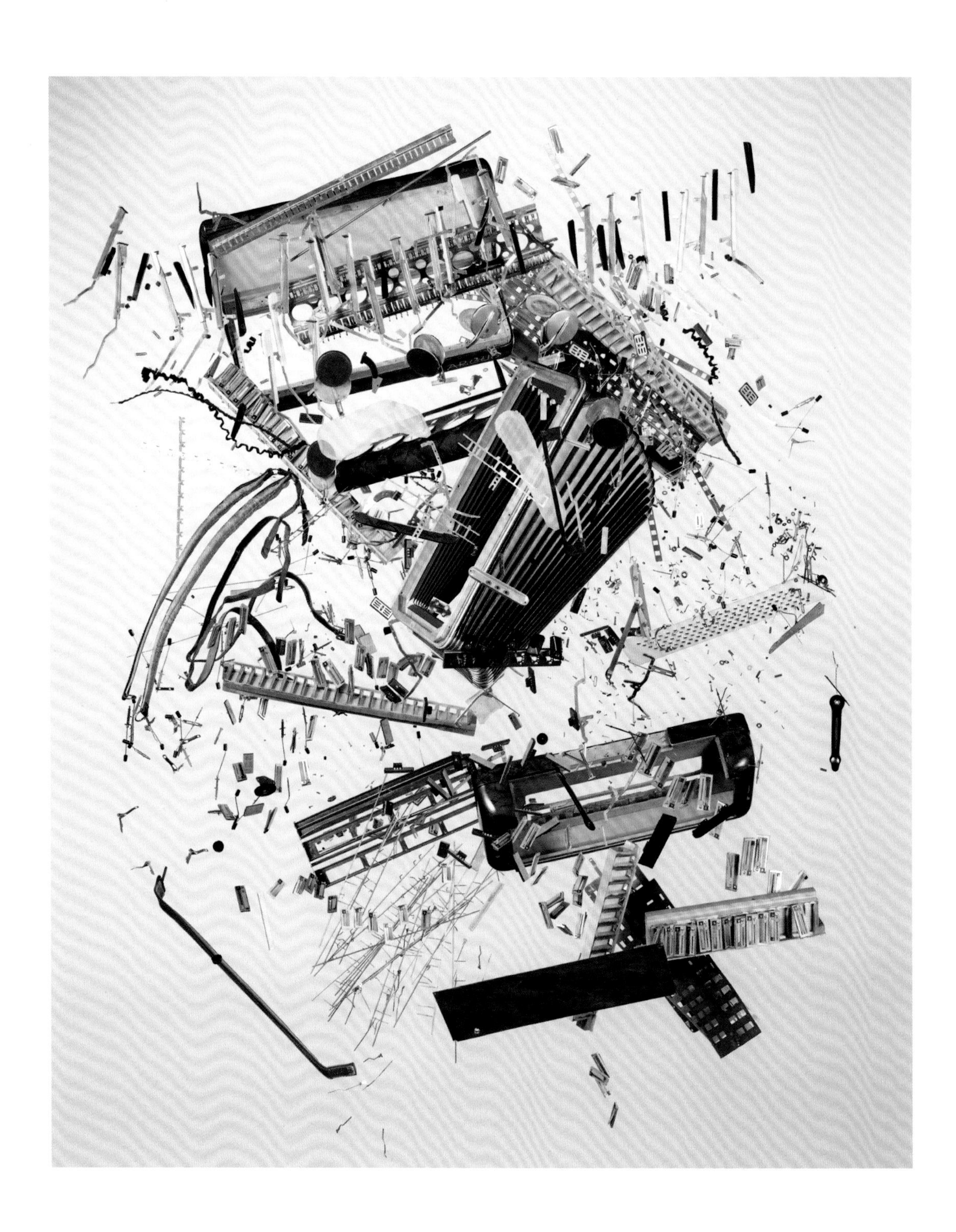

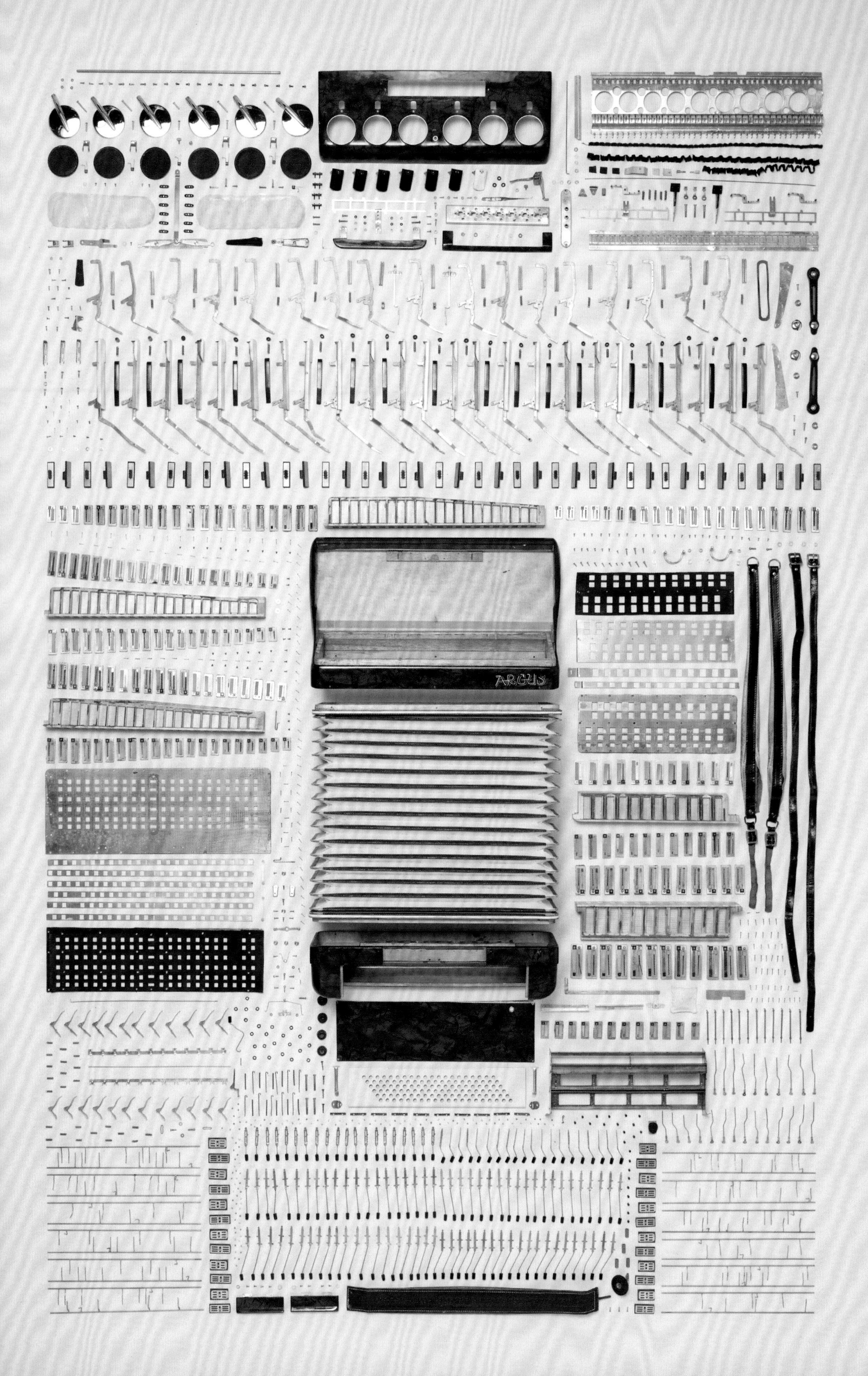
ARGUS

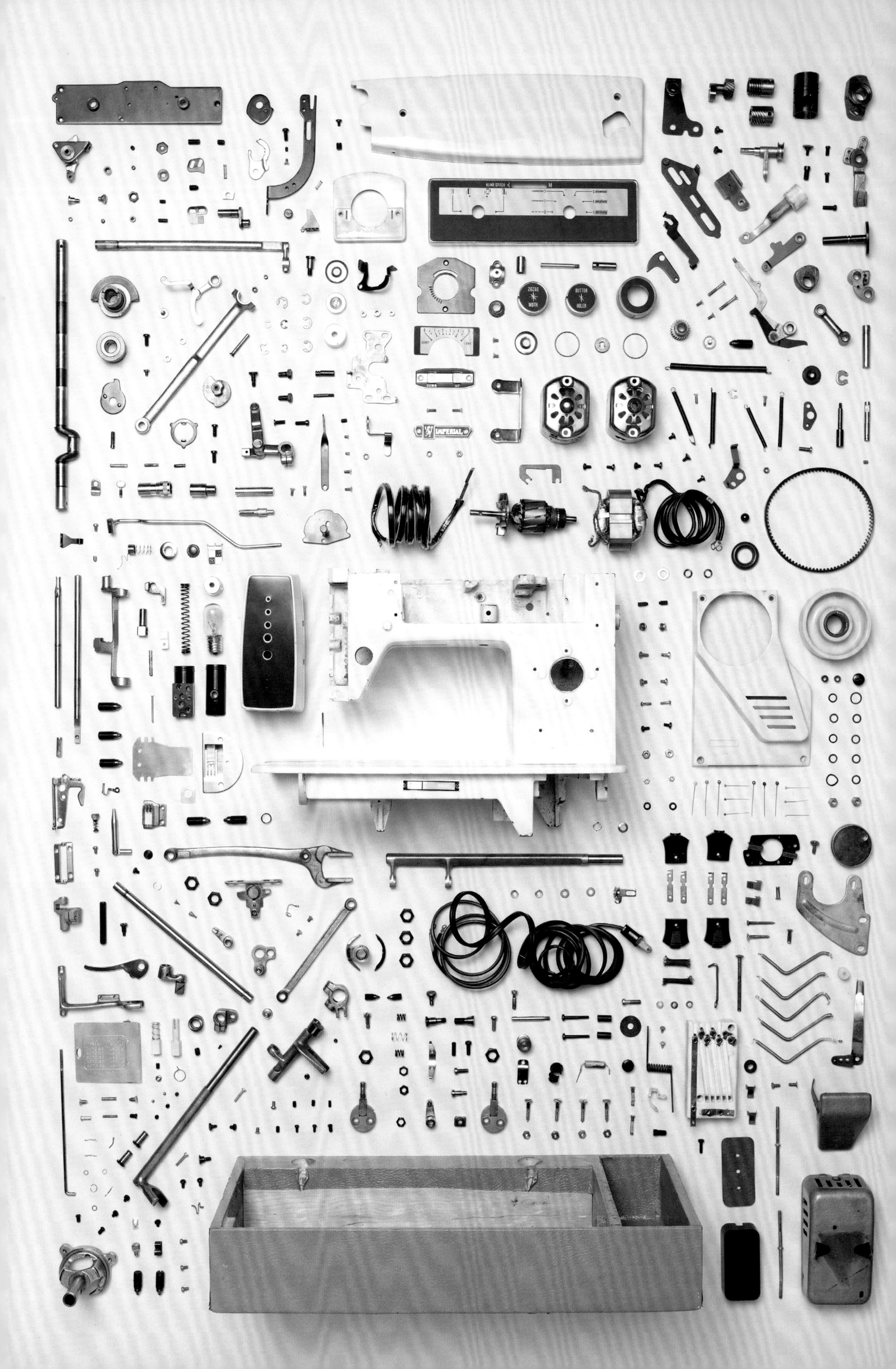

BLIND STITCH
M
ZIGZAG
WIDTH
BUTTON
HOLER
SHORT
LONG
DOWN
UP
IMPERIAL

缝纫机 20世纪70年代

帝皇（Imperial）

原件数量：482

第86、87页：

电锯 2010年

斯蒂尔（Stihl）

原件数量：297

STIHL
Made in Germany
ROLLOMATIC E

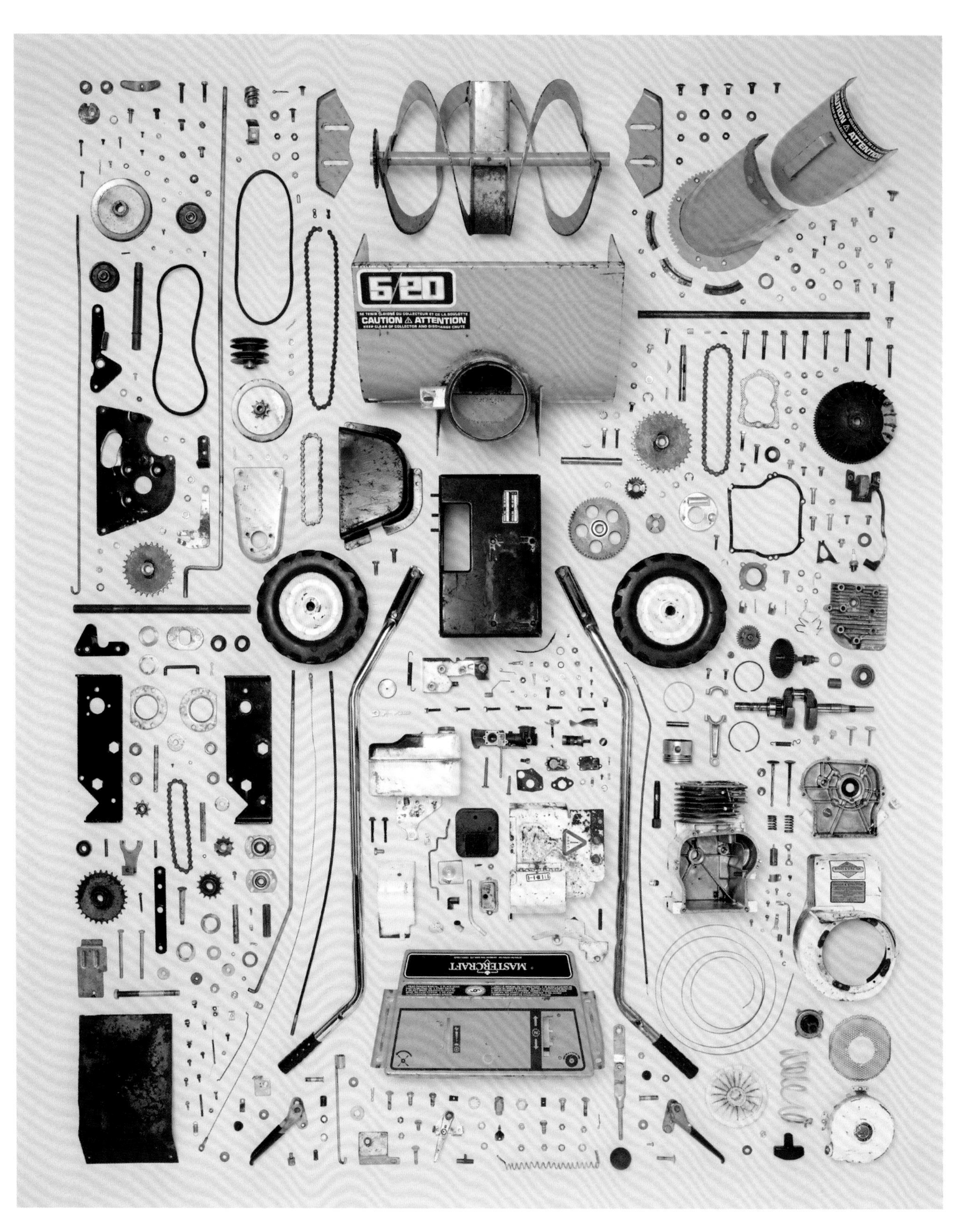

吹雪机 20 世纪 70 年代

大师工艺（Mastercraft）

原件数量：507

MASTERCRAFT

电子琴 1999 年

奥普特马斯（Optimus）

原件数量：178

100
MIDI
Concertmate
980
MUSICAL INFORMATION SYSTEM

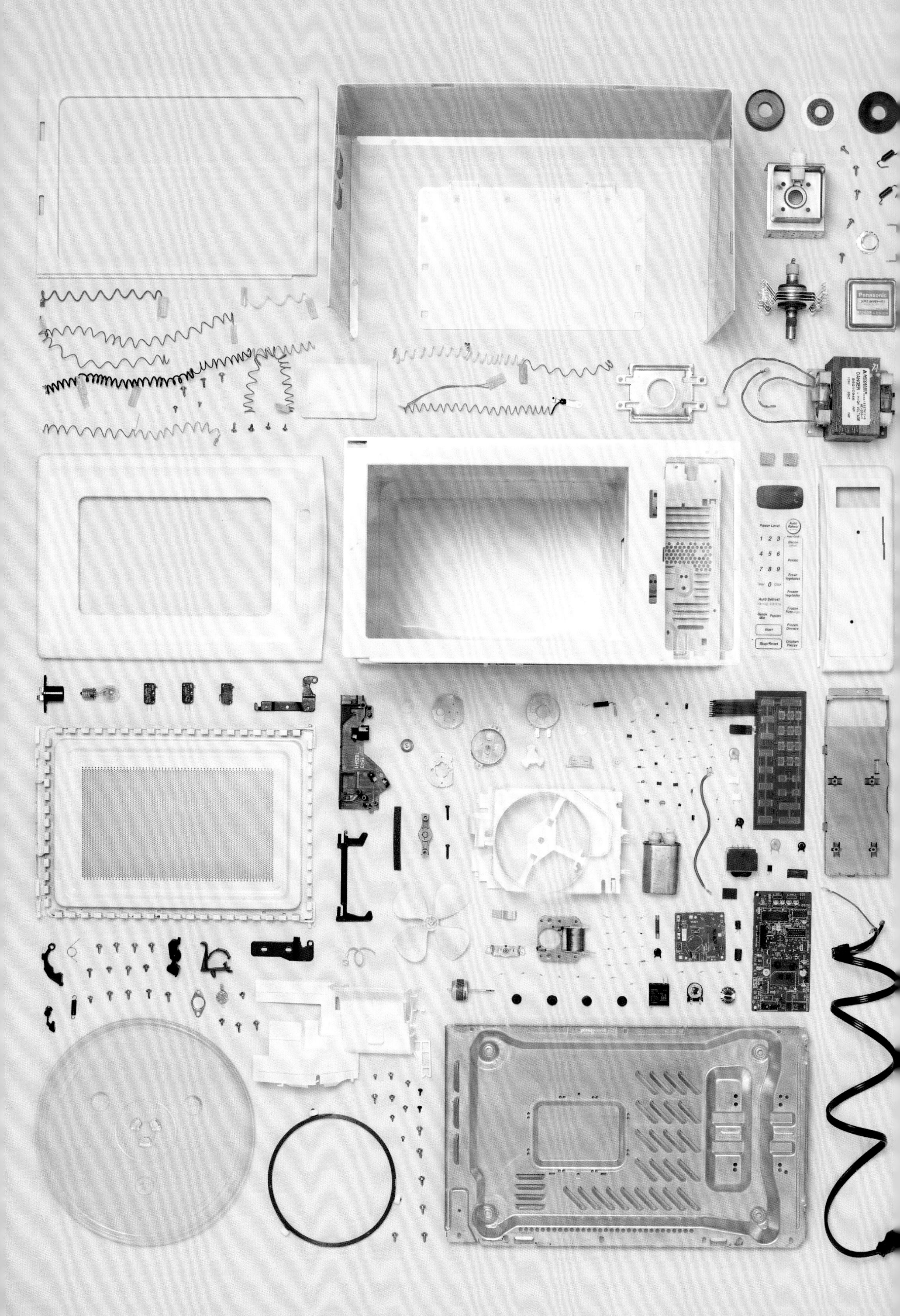
Panasonic
Power Level
Auto Reheat
Auto Cook
1 2 3
4 5 6
7 8 9
0
Bacon
Potato
Fresh Vegetables
Frozen Vegetables
Auto Defrost
Quick Min
Popcorn
Frozen Pizza
Frozen Dinners
Start
Stop/Reset
Chicken Pieces

微波炉 2005 年

松下（Panasonic）

原件数量：212

咖啡机 20 世纪 70 年代

奥林匹亚（Olympia）

原件数量：212

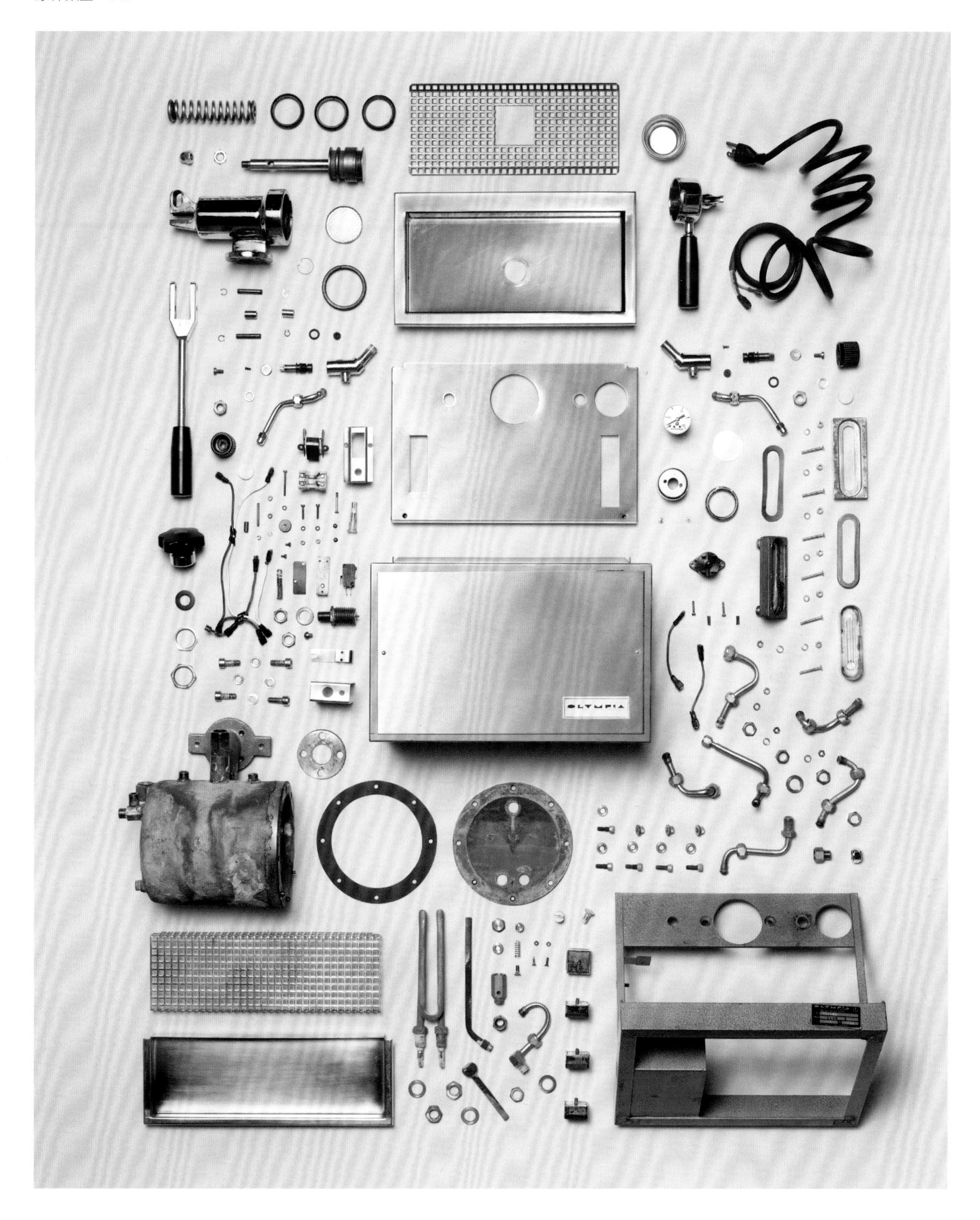

马桶和水箱 2008 年

克兰洁具（Crane Plumbing）

原件数量：72

22 SUPER CLIPPER
22 BALL BEARING

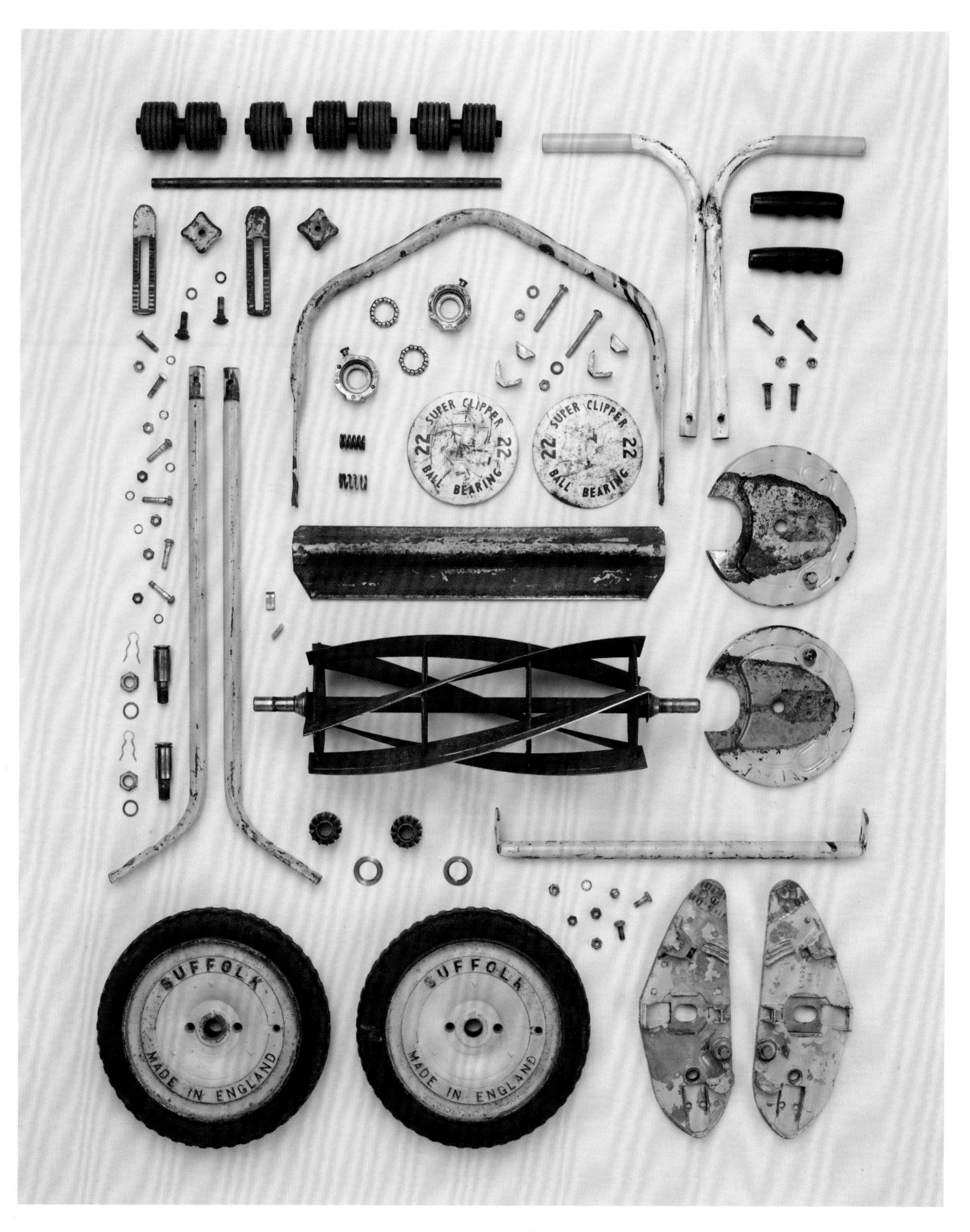

手推剪草机 20 世纪 70 年代

萨福克（Suffolk）

原件数量：92

1 2
INSTRUMENTS
VOLUME
TREBLE
BASS
REVERB
SPEED
INTENSITY
Princeton Reverb-Amp
FENDER MUSICAL INSTRUMENTS
Fender

功放机 2008 年

芬达乐器（Fender）

原件数量：529

自动取款机 1997 年

特利通（Triton）

原件数量：930

拆解过去

佩妮·本多尔*

2006年1月，一位42岁的男性在英国剑桥的菲茨威廉博物馆（Fitzwilliam Museum）宏伟的科陶德阶梯（Courtauld Staircase）上行走时，据说是被鞋带绊了一下，往前一跌，撞倒了毫无防护的在窗前展示的三个17世纪的中国花瓶。他这一跤让这些花瓶摔成了上百个碎片。此事很快便成为国际新闻，后来还传出一位观众在现场用手机拍摄的意外发生瞬间的照片。

菲茨威廉博物馆聘请我来整理碎片和修复花瓶。这项艰苦的工程耗费了我足足一年的时间。我曾先后在哥德史密斯学院（Goldsmiths College）和布莱顿学习美术，后来又作为护理师在苏塞克斯的西迪恩学院（West Dean College）接受进一步的培训，并通过在英国乡间的一栋住宅里为客户护理来自法国、德国和中国的精美而默默无闻的瓷器，获得了实践经验。随后我在“二战”时曾被炮火光顾的柏林夏洛腾堡宫（Charlottenburg Palace）的青花瓷室工作了一段时间。2003年，我有幸得到女王陛下授予的王室认证，因而得以定期护理英国皇家宫殿的陶瓷藏品。我护理过从公元前2世纪到20世纪末的所有类型的陶瓷纤维（从粗陶到精陶，从软质瓷到硬质瓷）。

我采用的手段会随不同的项目进行调整，同时也取决于材料。比如陶器的处理方式就和瓷器完全不同。为博物馆从事护理工作时，在确定材质并咨询过相关的研究员之后，我会设计出一个方案，与他们商定并执行。有必要的话，在工作过程中还会进行调整。

在有些情况下，尤其是在考古挖掘工作中，护理工作的第一步，可能是要收集碎片并为其分类。在另一些情况下，虽然文物完好无损，但仍需护理。我应邀为伦敦切尔西瓷厂（Chelsea porcelain factory）于18世纪制造暂存于菲茨威廉博物馆的《五朔节舞者》（*The Maypole Group*）进行护理。虽然藏品没有损坏，但原先的修复痕迹已随着时间的推移而褪色，显得很不雅观。此外，过去的黏合剂也开始失效，这意味着藏品有散架的危险。在研究室里进行仔细的检查，为修复前的藏品拍摄留照之后，我决定先将其拆开，再按照现行的标准护理程序，对其进行彻底的修复。

这项工程非常复杂。因为虽然没有文字记载原先的修复情况，但从肉眼的观察和技术分析表明，这件藏品在过去

---

* 佩妮·本多尔，陶瓷修复师，曾为世界各地的私人与公共藏品收藏者修复7至18世纪的陶瓷文物。

座钟，1928 年 | E. 英格拉汉姆（E. Ingraham）| 原件数量：59

座钟（迸散），1928 年 | E. 英格拉汉姆 | 原件数量：59

已被修复无数次了。在藏品散架以前，护理师可以用紫外线对其进行分析。分析结果显示，藏品上到处都是黏合剂。修复过和有缺陷的地方对护理师来说一般很明显，在紫外线下拍摄的照片则可以在藏品保持完整的情况下提供一份珍贵的记录。这些照片可以起到出人意料的作用。我记得有一个非常特别的花瓶，拆开以后发现其实是五个不同的花瓶拼凑起来的。紫外线照片为这种不可思议的结合留下了价值连城的历史记录。

拆解艺术品，能够给人一个前所未有的机会去深入了解它。

我没有想到，《五朔节舞者》也是一个混合品，其中有些部分来自至少一件不同于原物的作品。似乎原先的修复者曾经用自己做的复制品或其他作品的碎片来修补原作缺失的部分，比如手臂和脚，往上一粘就算修补完了。此外，还有些玻璃瓷花用各种不同的黏合剂与灰泥粘在修补痕迹和裂痕上面，将那些痕迹掩盖起来。这些花是原作本来就有的，还是后来添上去的，难以判断，但从其杂糅的风格判断，应该是后人所为。

拆解艺术品，能够给人一个前所未有的机会去深入了解它。你可以了解它如何被仿造，如何烧制出来，如何上釉，还能了解它后来的经历。比如，我发现《五朔节舞者》的底座里有根原产的支柱，此前从未有人知晓它的存在。拆解下来的碎片会被小心翼翼地贴上标签，通过笔记和拍照的方式留档记录。没有一丝不苟的记录工作，对藏品制作过程的探索就很容易迷失方向。

与菲茨威廉博物馆破碎的花瓶不同，《五朔节舞者》是在严格把控的情况下被有意拆开的，但讽刺的是，效果却差不多，后者怕是还更麻烦一些。同事们看着我把《五朔节舞者》拆成一堆碎片，饶有兴味的同时也非常担心。但我只不过是把原先贴上去的黏合剂拿掉罢了。将碎片摆在修复室的工作台上时，这些碎片自身几乎都可以被作为一件艺术品来看待。这种解体再重构的过程非常有意思。将一件完整的三维物体变成一堆碎片，再把各个部分拼接起来，使之还原为更加完善的三维物体，负责这种需要创造力的工作令我乐在其中。看到艺术品被拆成碎片会让人们走出自己的舒适区，因为人们习惯于看到艺术品完整的样子："碎片"等同于"毁坏"或者"破损"，而人像作品四分五裂尤其会令他们感到不舒服。

通过比较两块碎片内侧边缘的契合程度来进行判断，也许是唯一可靠的办法了。

虽然我是训练有素的画家，但我发现在三维物体上下功夫比平面艺术更有回报。对于有完整记录的藏品来说，解体和重构是相对简单的，而如果这两个过程是由同一个人来负责的，事情会变得更加容易。有时我会应别人的要求，用一堆碎片重建作品。如果没有对作品原始外观的记录，确定重建作品的步骤就可能会相当有挑战性。见到原物也许能有所帮助，但也需要留心：你所见到的形象，可能是被后人以错误的方式过度修改过的样子。而且有时原物太过破旧，见到也没什么用。在这种情况下，通过比较两块碎片内侧边缘的契合程度来进行判断，也许是唯一可靠的办法了。

拆解与重建过程中总会遇到伦理问题。以前，人们在重建作品时往往会增添一些原作所没有的装饰性部分，使之显得完整，更容易为大众所接受。如果是护理这样的作品，就必须要决定（最好是由护理师与藏品的主人共同来决定）是否要保留这些后人添加的部分。以前这种部分可能会被当作无意义的添加物而被抛弃，现在人们则会普遍采取更为谨慎的态度。毕竟，这些添加物属于藏品历史的一部分（尤其是在有记载的情况下），而且有助于我们了解特定历史时期的品位与偏好。

此外，重建的作品必须为日后留出再次拆解的余地。所有的黏合剂最终都会失效，且大部分会逐渐褪色，因此选择正确的黏合剂非常重要：既要有恰到好处的黏性使其保持完整，又要足够耐久，不会褪色或只有少许褪色。如果有必要的话，最好还能在将来被轻易地擦除。

护理师既要让表面尽量看不出痕迹，又要让这些痕迹可以被近距离观察到。

护理师对自己修复的藏品负有责任，需要知道何时住手，让物品"替自己说话"，也需要意识到，使用不当的材料可能会对藏品造成不可挽回的破坏。比如，在修复瓷器时，必须要使用适合被修复物品的黏合剂。有专门用于硬质瓷器和陶器的黏合剂，也有适合其他类型瓷器的黏合剂。护理师必须根据经验和实际情况做出判断，决定使用哪种黏合剂。

遗失的碎片对护理师来说是更进一步的挑战，因为明显的缺损很容易让人注意到，会极大地影响作品的美感和公众的接受程度。但有些伦理上可以接受的方法能够解决这样的问题。有一种技术，是用合适的材料仿制缺失的某些甚至所有部分，这种手段对于考古学上的陶瓷研究尤其重要。将仿制的碎片填补上去后，为其涂上不显得突兀的（尽量与原物协调的）色彩，以吻合原物的装饰。

拆解过去并为子孙后代重新组装是一个同理心的问题。

在过去，同一考古场所出土的陶瓷碎片，尽管来源于不同的物品，但人们通常会将它们拼合为一件完整的作品，有时为了让碎片相互契合，甚至不惜打磨其边缘。通过色彩与纹理的变化来判断哪些碎片来自于同一物品，是有可能办到的。面对由四五种不同物品的碎片拼合而成的作品，护理师必须决定，是保留这种拼合的状态（作为特定时期考古实践的一个示例），还是取下某些不匹配的碎片。如果并非来自原物的碎片会严重影响人们对于整个作品的理解或接受程度，那最好还是移除它们。但在一些个别状况中，如果并非来自原物的碎片能够为整个作品带来更大的信息量，那么把它们全部留下或者留下一部分比较好。比如，有个伊斯兰花瓶作为一件完整的藏品已经公开展示几十年了，护理时却发现顶部与底部其实来自于两个不同的花瓶。这两个部分可以继续以一件物品的形式进行展示，呈现不同的特色，但顶部与底部之间有一道显眼的裂痕，清晰地表明它们来自于不同物品。通过这种方式，护理师可以为馆员提供更多的选择，帮助他们决定如何以最好的方式展示特定的藏品。

将碎片清洗并重新组装为一件完整的作品以后，护理师必须要决定物品表面的痕迹该怎样处理。护理后的作品不能重新烧制，因为这会改变原物的分子结构，降低其商业价值，而且有可能使其表面发生变化，甚至造成爆炸。以前的护理师倾向于把痕迹掩饰起来，让物品呈现出“完美”的样子，但现在的护理伦理不允许抹除缺陷、裂纹和修复的痕迹：护理师既要让表面尽量看不出痕迹，又要让这些痕迹可以被近距离观察到。我在修复时，只有在影响物品整体观感的情况下才会对痕迹进行填充或上釉的处理。

我相信，观众对“历史缺陷”的接受程度与兴趣的提升，意味着文物护理与鉴赏力的进步。我在做关于护理与伦理的演讲时曾经解释过，护理师必须为客户，即文物买卖方，做出伦理决定，但客户自己在护理过程中所扮演的角色也非常重要。

在目前的形势下想成为一名职业护理师，需要很强的道德感，要根据充分的理由、实践经验与操作性，对不同项目做出具体判断。需要考虑的因素包括修复效果能够维持多久，应该使用何种材料，如何忠实地诠释原物的意义，确保后人有机会正确地观赏与研究。尽管X光和紫外线摄影等分析手段在护理过程中越发重要，但技巧、经验与敏锐的眼光仍然是取得成功的关键因素。在我看来，它们也是最重要的护理工具。

XL

第 107—109 页：

自行车 20 世纪 80 年代

兰令（Raleigh）

原件数量：893

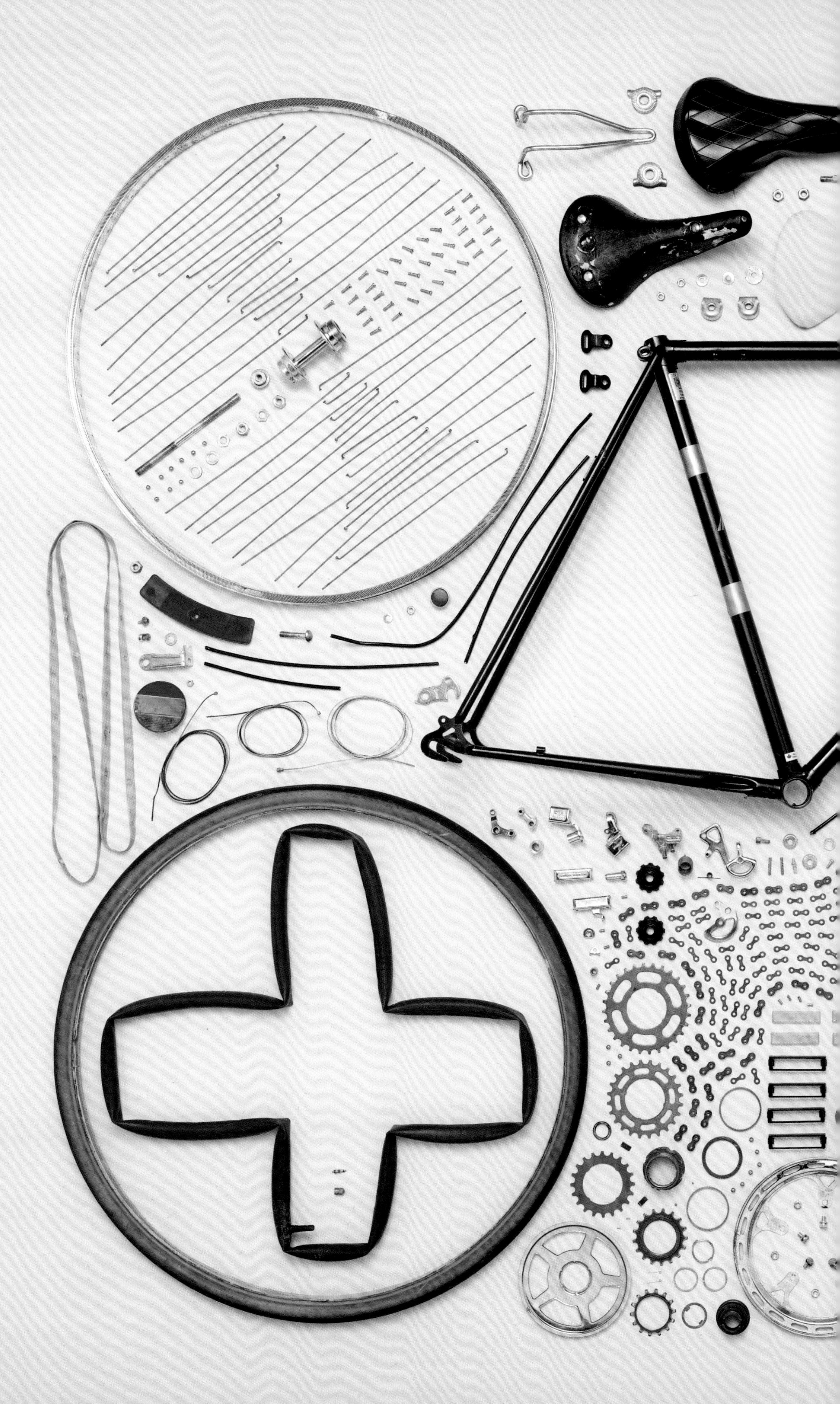

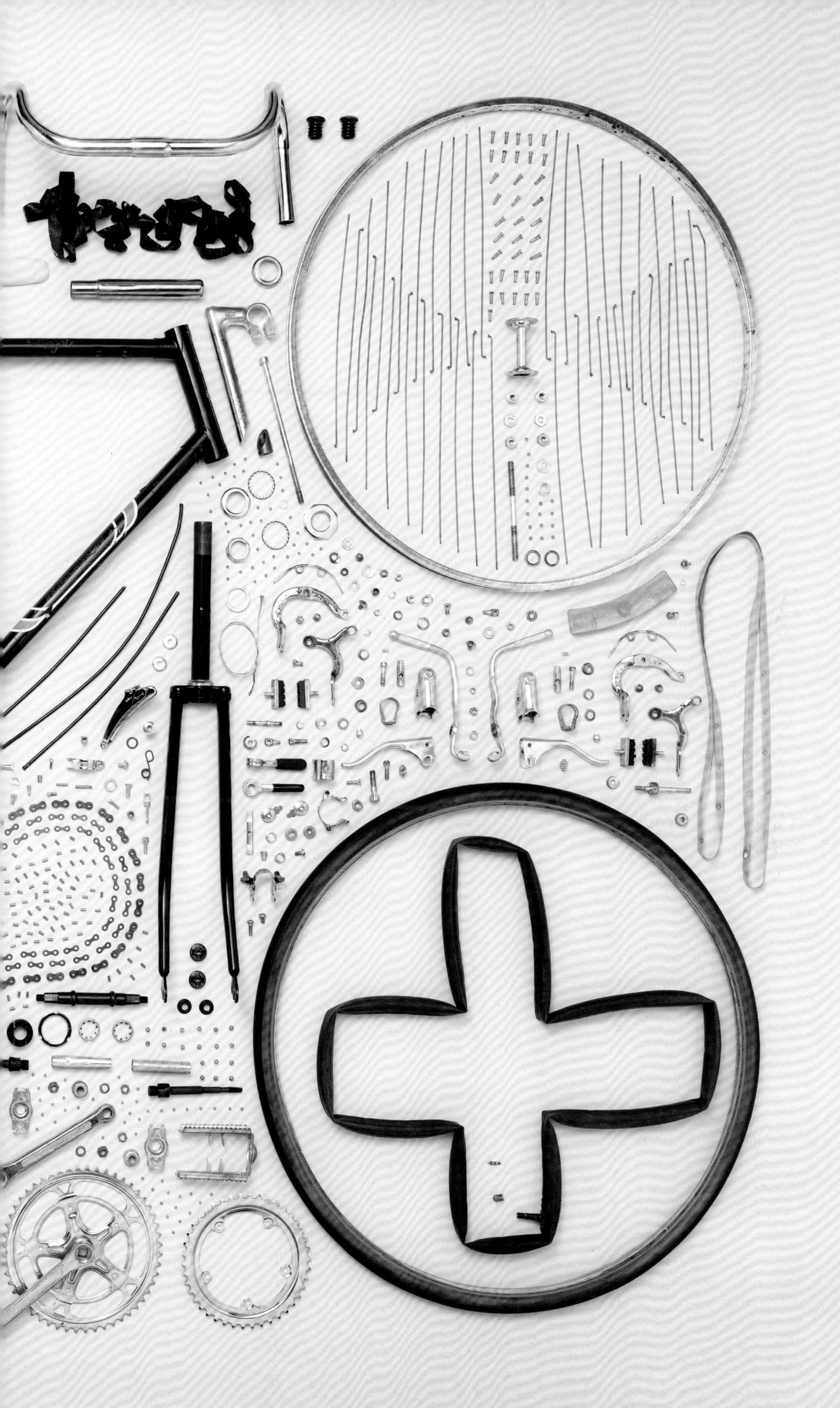

木材削片机 2007 年

麦基索克（MacKissic）

原件数量：502

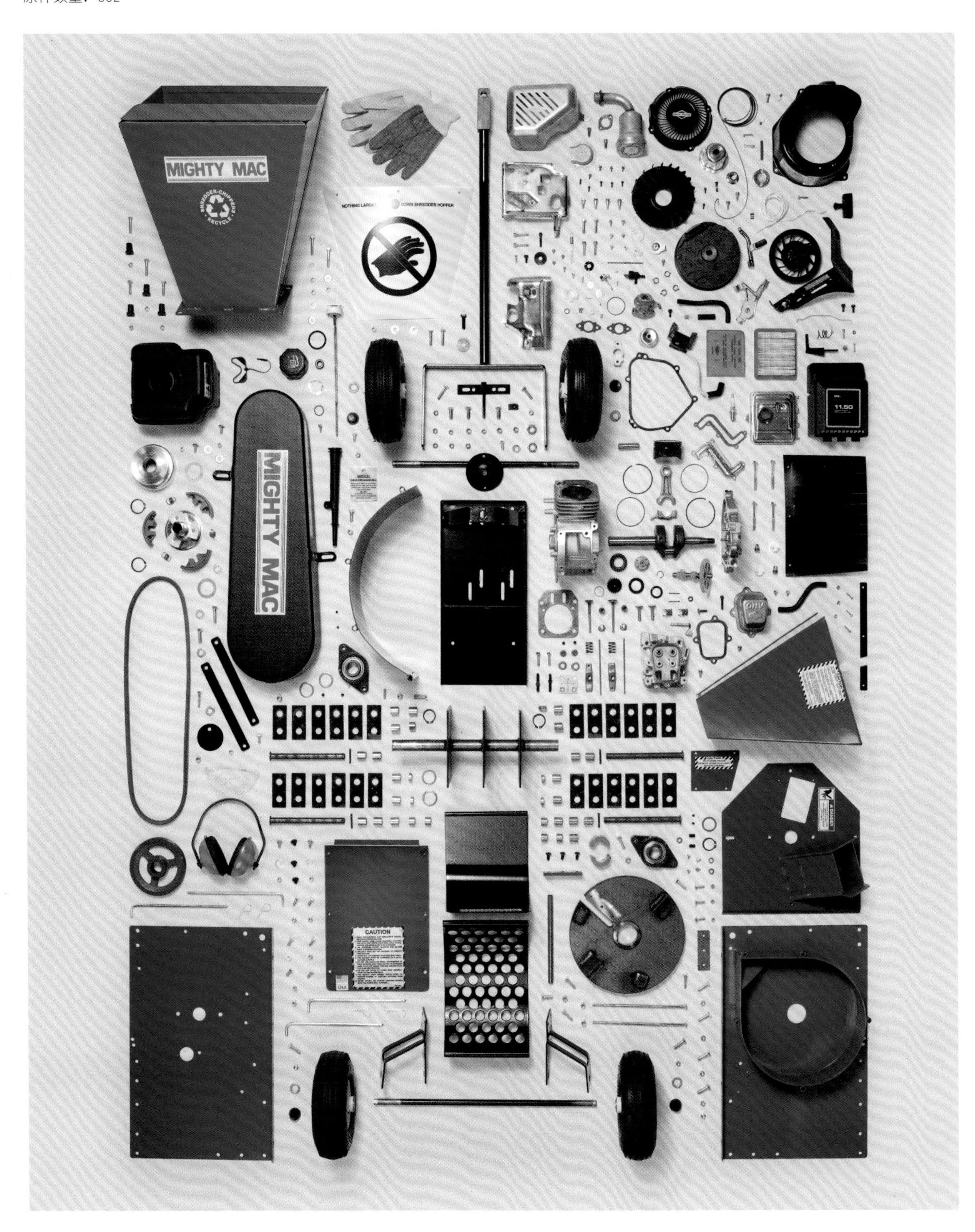